中国学生成长速读书

总策划／邢涛　主编／龚勋

学生探索

百科全书

汕頭大學出版社

学 / 生 / 探 / 索 / 百 / 科 / 全 / 书

THE NEW ENCYCLOPEDIA OF STUDENT EXPLORATION

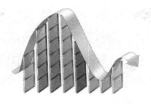

FOREWORD
前言

欢迎进入奇妙的探索世界！

"思维是地球上最美丽的花朵"，而探索精神是其中最灿烂的一枝。千百年来，人类用孜孜不倦的求索精神，不断扩展着对神奇大自然、对奇妙的科学以及对人类自身的认识。在永不停顿的对未知领域的探究中，人类建构起了多姿多彩的迷人世界。

地外文明真的存在吗？动物为什么要冬眠？哥德巴赫猜想是怎么回事？我们能不能跨越时空？人类最早的文明出现于何处？古埃及人怎样修建金字塔，又是如何制作木乃伊的？亚历山大大帝是被谋杀的吗？……这些充满神秘色彩的话题都将在这本《学生探索百科全书》中为您娓娓道来。

《学生探索百科全书》共分三章——自然探索、科学探索和历史探索。三章均按照各自特点分为若干节，各节在结构设计上均采用场面宏大的主图以及精彩纷呈的配图以增强视觉冲击力，让读者在准确的文字讲述、严谨的原理揭示中愉快地踏上新奇的探索之旅，轻松地掌握百科知识。

希望这本全新的百科类图书能成为青少年满足求知渴望、拓展知识视野、丰富精神世界的有益助手。现在就请享受我们为您精心准备的知识盛宴吧！

如何使用本书

　　《学生探索百科全书》一书共分三章：第一章自然探索、第二章科学探索、第三章历史探索。各章均以独特的风格展现出探索百科的全新面貌。三章按照不同的内容一一分类细述，所涉及的知识点均从生动有趣、神奇奥秘的引言展开，并以清晰流畅的语言、科学严谨的知识系统，使学生在满足了好奇心的同时轻松掌握应了解的百科知识。同时，书中所配的精美插图、精彩照片，也将令读者手不释卷。

主标题

主文本或全文的精彩概括

双页书眉

本书书名

副标题

凝练全文的知识点

主文本

由引人入胜的情节导入要讲解的知识点

辅标题

与副标题相关的知识点

辅文本

对辅标题的阐述或讲解

主图

全文中心讲述的知识点的配图

主图图名

主图相应部分的名称

主图图注

对主图图名的具体解释

来自天河传说的启示

—— 银河系揭秘 ——

在晴朗的夏夜，星空里有一条长长的光带，这就是银河。在很早以前，世界各地的人们就已经注意到这条光带。在中国古代，人们称银河为"天河"；在博茨瓦纳沙漠地区的游牧部落，人们将这条光带称作"夜空的脊梁骨"；古希腊人则认为，银河是天后赫拉流出的乳汁。如今，望远镜等天文仪器的使用，或许"阻碍"了人们像古人那样用浪漫和充满神话色彩的视角来看待银河系，但却让人们逐渐看清了银河系的真实面目，人类也由此进入了一个前人无法想象、更加引人入胜的世界。

图为相机拍摄到的银河，它展现了在天空中观察到的银河的样子。

天球上的银河
由于我们不能看见地平线以下的部分，因此银河只有一半可见。

银心
银心是银河系的中心，位于人马座内，这个区域由高密度的恒星组成。主要是年龄大约在100亿年以上年老的红色恒星。银心的质量约是太阳质量的400万倍。

银河在哪里

　　银河是银河系投影在天球上的一条淡淡发光的带，各部分的宽窄和明暗程度相差很大。银河在天鹰座与天赤道的相交处，在北半天球，它经过天鹅、蝎虎、仙王、仙后、英仙、御夫、金牛、双子和猎户等星座，跨入天赤道的麒麟座，再往南经过大犬、船尾、船帆、船底、南十字、半人马、圆规、矩尺、天蝎、人马和盾牌等星座。

太阳系在银河中的位置
太阳系远离银河系的中心。在人马臂和英仙臂之间的猎户臂上，距离银心约2.6万光年。

银核
银核是银河系的核心，直径几光年。质量为$10^9 \sim 10^{10}$太阳质量，很多证据表明，在银核区存在着一个巨大的黑洞，其活动十分剧烈。

篇章名称

概括这一篇章的主题

篇章内容概述

高度简练的文字介绍使读者大
致了解这一篇章的主要脉络

辅图

配合主图补充说明知识点
的独立图片

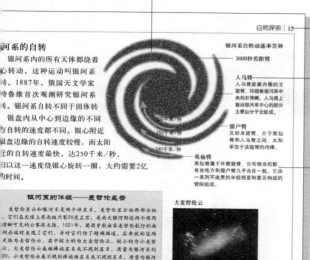

银河系的自转

银河系内的所有天体都绕着
心转动，这种运动叫银河系
转。1887年，俄国天文学家
寺鲁维首次观测研究银河系
转。银河系自转不同于固体转
动。
银盘内从中心到边缘的不同
方自转的速度都不同。银心附近
盘边缘的自转速度较慢，而太阳
近的自转速度最快，达250千米/秒，
以这一速度绕银心旋转一圈，大约需要2亿
时间。

银河系自转动速率差异

3000秒差距臂

人马臂
人马臂是最内圈的主
旋臂，环绕着银河系中
央向右伸展。人马臂上
靠近银河系中心的部分
主要由分子云组成。

猎户臂
又称本旋臂，介于英仙
臂和人马臂之间，太阳
系位于该旋臂的内缘。

英仙臂
英仙臂属于外圈旋臂，分布相当松散，
有些地方和猎户臂几乎合在一起。它由
一系列不连贯的年轻恒星和星云构成的
臂段组成。

银河系的伴娘——麦哲伦星云

麦哲伦星云和银河系是两个伴星系。麦哲伦星云由两部分组
成，它们在天球上离南极只有20度左右，是南天银河附近两个已经
清晰可见的云事状天体。1521年，葡萄牙航海家麦哲伦航行到南
测南端时发现了它们，并时它们作了精确描述，后来就叫这两
天体为麦哲伦云。其中较大的为大麦哲伦云，较小的为小麦哲
云。大麦哲伦云属棒旋星系与不规则星系，质量为银河系的
20；小麦哲伦云不规则被被星系系不规则星系，质量为银河
的1/100。

大麦哲伦云

银晕
银晕是弥散在银盘周围的一个
球状区域，其直径的为9.8万光
年，范围比银盘大50倍以上。

小麦哲伦云

银河系的空间运动

银河系除了自转以外，也在宇宙空间
运动。由于我们生存在银河系里，因此不能
直接观测银河系在宇宙空间的运动，但可以
通过一些河外星系相对于银河的运动，来
研究银河系自身的运动状况。现在，天文学
家已经测算出，银河系除了自转外，还以
225千米/秒的速度朝麒麟座的方向运动。

的外圈是银盘，它是银河系的
直径约为8万光年，中间部分厚
的有6000光年，银盘附近银盘的
大约为3000光年。银河盘的绝大
恒星和星际物质都集中在这一扁
面盘状的区域内。银盘主要由4
大的旋臂环绕组成，每条旋臂中
数百亿颗年轻的恒星。

银冕
在银晕外面还分布着
一层巨大的球状状
射电辐射区，称为
银冕。银冕比银心更为
遥远，至少延伸到银
心约32万光年远的地
方，宛如银河系的一
顶"风冠"。

单页书眉

本章篇章名

辅图图名

辅图相应部分的名称

辅图图注

对辅图图名的具体解释

小资料

与本文相关的辅助性或趣味性内容

照片

与本版知识点相关的照片让您对相关
内容有更真切的认识

Contents | 目录

学生探索百科全书

Part 1 第一章

自然探索

广袤的宇宙、熟悉的地球、神奇的生物，
这一切正等待着我们去探索。

来自宇宙深处的信息
12 宇宙背景辐射
13 宇宙形成的大爆炸理论
13 有待于探明的宇宙形状

来自天河传说的启示
14 银河在哪里
15 银河系的自转
15 银河系的空间运动

漫长的生命之旅
16 恒星诞生
17 恒星的生命特性
17 平稳的活动状态

从五行说起
18 太阳系成员
19 行星
19 行星的卫星

拜访地球的邻居
20 奇特的水星
21 揭开金星的神秘面纱
21 探寻火星上的生命

它们是恒星吗
22 巨行星的特点

23 行星中的"巨人"——木星
23 长"耳朵"的土星

探访远日行星
24 躺着转的天王星
25 蓝色的海王星
25 神秘未知的冥王星

卫星被太阳风暴"击中"了
26 太阳风暴是怎么回事
27 太阳活动
27 太阳黑子形成

寻找外星人的踪迹
28 外星球存在生命的可能性
29 关于外星人存在与否的争论

永不磨灭的脚印
30 人类的探月方式
31 月球上的世界
31 月球的起源

被掠夺的光明
32 日食现象
33 月食现象
33 日食和月食的出现规律

灾星传言
34 彗星的旅程
35 彗星的形态变化
35 慢慢消逝的命运

地球的身世之谜
36 地球的起源之说

37 原始地球的变化
37 地球的年龄

致命的颤动
39 地震是怎样发生的
39 海啸

来自地下的灾难之火
40 火山爆发
41 火山活动区

与流星擦肩而过
43 大气层结构
43 大气层存在的意义
43 探究臭氧层

"晴天霹雳"是怎么回事
44 雷电本质
44 奇形怪状的闪电
45 各种不同的雷声

天降奇物之谜
46 龙卷风来了
47 成因分析

揭开海底的秘密
48 海底地形
49 海底扩张

"地球尖叫起来了"
50 生命的诞生
51 生命形式复杂化

隐藏在化石里的侏罗纪公民
52 认识恐龙
53 恐龙家族的兴衰
53 恐龙的灭绝

叶片上的肉食大餐
54 食肉植物
55 生存环境
55 秘密陷阱

它们要到哪里去
56 迁徙行为
57 迁徙的原因
57 定位导向能力

长睡不醒
58 动物的冬眠习性
59 冬眠动物的代谢特征

人类无法模仿的飞行
60 特异的体形
60 适于飞行的生理构造

Part 2 第二章
科学探索···

科学的诞生几乎和人类的历史一样久远，它是人类创造的最为灿烂的文明之一。

魔术方阵
62 数字发展史
63 数字的计算
63 关于数字"0"

古埃及的丈量师
64 圆周率 π 的测量
65 地球周长的测量
65 阿基米德的数学测量

无处不在的黄金分割
66 自然界的黄金分割
67 几何学的发展
67 几何的基本图形

Contents | 目录

学生探索百科全书

四色之谜

68　哥德巴赫猜想
69　孪生素数猜想
69　蜂窝猜想
69　回数猜想

物质只有三种状态吗

70　固态、液态和气态
71　第四态

是谁偷了哈桑的鱼

72　地球重力惹的祸
73　万有引力
73　重心

浮出水面

75　浮力原理——阿基米德定律
75　浴缸里的发现

声音的谋杀

76　什么是次声波
76　声波的种类
77　声音的传播

宇宙是什么颜色的

78　天文学家的错误
79　太阳光的颜色
79　颜色加减法

真正的火眼金睛：T射线

81　T射线在哪里
81　电磁波谱

运动发电的"人体电池"

82　电的产生
83　电的储存

点金术炼出的磷元素

84　元素周期表
85　元素的命名
85　新元素的发现极限

卷起来的电视机

86　电视的发明
87　电视的发展

影像盛宴

89　电影的诞生
89　电影摄影机
89　从无声无色到有声有色

亿万年后的燃烧

90　煤炭的形成
90　石油和天然气的形成

全新日光浴

93　太阳能电池
93　建筑中的太阳能

魔鬼与天使

94　核能的产生
95　核电站

天涯咫尺

97　早期电话
97　从"有线"到"无线"
97　从"模拟"走向"数字"

拥有智能汽车的日子
98　汽车的安全技术
99　汽车的环保、节能技术
99　汽车的防盗技术

飞行中的列车
100　磁悬浮列车工作原理
100　磁悬浮列车的优越性
101　磁悬浮列车存在的问题

奔驰如飞的船
102　船舶的基本结构
103　船舶的种类

会"呼吸"的飞机
105　飞机怎样飞行
105　飞机的控制

被复原的圣诞老人
107　计算机的基本构造
107　计算机的发展

数字化生活
108　什么是互联网
109　互联网构件
109　互联网的功能

直冲云霄
110　结构设计
111　建筑地基
111　摩天大楼的电梯

DNA图腾
112　基因工程
112　转基因技术

Part 3 第三章
历史探索・・

源远流长的人类文明、波澜壮阔的革命浪潮……历史长河中的万千奥秘等待我们去发现！

苏美尔人创造的奇迹
114　楔形文字与泥板书
115　苏美尔人的科学成就

冒犯上帝的城市
116　古巴比伦王国
117　新巴比伦王国

血腥的"狮穴"
118　亚述王国的崛起
119　强盛与衰落

擅长航海的地中海商人
120　强盛的商业民族
121　腓尼基字母

金字塔工程
122　吉萨三大金字塔
123　金字塔的建造之谜

皈依佛教的征服者
124　孔雀王朝与阿育王
125　弘扬佛法

隐藏在地下的大帝国：秦
126　奇迹的诞生：秦始皇陵
127　谜团的心脏：秦陵地宫

米诺斯的迷宫
128　克里特岛上的文明
129　毁灭之谜

Contents | 目录

学生探索百科全书

迈锡尼征战特洛伊
131　证实荷马史诗
131　揭开尘封的历史

奥林匹克运动会的起源
132　盛大的体育赛事
133　考证起源

谁杀了亚历山大大帝
134　伟大的军事天才
135　解开死亡之谜

母狼传说与七丘之城
136　母狼传说
137　七丘之城

失踪的古罗马军队
138　奇特的外国军队
139　寻找遗踪

恺撒之死
140　政治生涯
141　独裁惹祸

消失的庞贝古城
143　庞贝城的历史
143　死亡之谜

印第安人的传奇身世
144　迁徙美洲的居民

145　欧洲说与亚洲说

中美洲文明之母
146　奥尔梅克文明
147　玄武岩巨石人头像

湮没于丛林的文明奇迹
148　玛雅象形文字
149　玛雅人的科学成就

复活节岛上的巨石像
150　沉默的巨人
151　世界的肚脐

云中之城马丘比丘
152　急速陨落的繁华
153　圣城重现

骑士与城堡
155　庄园经济
155　骑士时代

强盗与水手
156　海盗时代开始了
157　扩张与融合

终结黑暗时代的伟大变革
158　文艺复兴运动与思想
159　文艺复兴的文化精英

[第一章]

Part 1

自然探索

　　我们生活的这个自然世界是如此奇妙精彩。无边无际的宇宙中遍布着各种天体，它们组成了无数的星系。在那些极度黑暗的遥远空间里还隐藏着一类可以吞噬一切的天体——黑洞，这令广袤的宇宙空间愈发显得神秘。在我们生存的地球上，也依然有我们无法捉摸、变幻不定的各种自然现象。地球因生命的存在而精彩，生命因纷繁多样而神奇。恐龙大军曾独霸地球，植物为了生存也会选择杀生的手段……自然像一个慈爱的智者，收集了无数有趣的谜团，正笑吟吟地等待着你去探索，去追寻，去揭开谜底。

来自宇宙深处的信息

—— 探索宇宙 ——

人类为了探测宇宙，向太空发射了很多天文卫星和空间探测器，希望它们能够帮助人类解开宇宙的奥秘。然而令人惊奇的是，不仅太空仪器能探测到从宇宙深处传来的信息，连任何普通的电视机天线也都能捕捉到这些信息。当你打开任何一台电视机，将它调到没有电视节目占用的频道上时，你将看到屏幕上全是跳动的白点，并听到"咝咝"的噪声，这些噪声中大约有1%来自宇宙深处的微波辐射。别小看这些微波辐射，它们可是人类研究茫茫宇宙的重要依据。下面就让我们来探索这些微波信息中隐藏着的宇宙秘密吧。

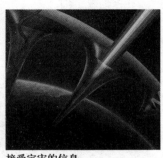

接受宇宙的信息
地球外围的大气层阻隔了来自太空的大部分电磁波。但那些波长较长的电磁波，例如波长从4000到8000埃（10^{-10}米）的可见光，以及紫外线和红外线等，还是可以通过大气层到达地球。于是，透过这些电磁波，人类可以进一步窥探地球之外的宇宙。另一方面人类也利用各种仪器设备在地球之外探测更多的电磁波，从而发现更多有关宇宙的秘密。

宇宙背景辐射波纹
宇宙微波背景辐射总体是均匀的，到处都差不多，没有太大的起伏变化，但是细看又有一定的差异，有的地方温度稍高（红色斑块），有的地方温度稍低（蓝色斑块）。仔细分析宇宙微波背景辐射中热点和冷点的差异所构成的图样，就可以获得宇宙演化的大量信息。

宇宙中的"红移"效应

20世纪初，天文学家发现远星系光谱线的频率随着它离我们距离的远近而有规律地变化，即谱线红移。1929年，哈勃总结出谱线红移的规律：对遥远星系，红移量与星系离我们的距离成正比，比例系数H叫哈勃常数，这个红移叫宇宙学红移。它被解释为是在星系统地向远离我们的方向运动时的多普勒效应中产生的。这就像火车远离我们行驶时汽笛的声调（即频率）比静止不动时的声调更低一样。由此天文学家得出结论：星系都在做远离我们的运动，离我们越远，运动速度越快。

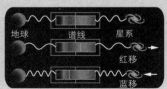

星系的红移与蓝移
星系的红移量与星系距地球的距离及星系质量成正比。此外，大质量的星系若出现很强的蓝移，则表示它们在向我们快速靠近。

宇宙背景辐射

那些来自宇宙深处的微波辐射被称为宇宙背景辐射，它们是宇宙大爆炸的产物。宇宙在爆炸过程中产生大量的光波，但膨胀过程会导致光波的波长增长数毫米，成为微波。在宇宙中，微波进行传播是需要时间的，我们观测的星体越遥远，微波带来的信息反映的就是它越早以前的状态。宇宙背景辐射是在宇宙大爆炸10万年后发出的，经过约137亿光年才到达地球。因此通过研究宇宙背景辐射，我们不仅能够看见约137亿光年大小的宇宙，也可以看到约137亿年前的宇宙。

宇宙里有什么
当人们提到宇宙空间时，总是联想到一无所有、黑暗寂静的真空。其实宇宙并不是绝对的真空，其内部充斥着星云、星团、星系、总星系，处于不停的膨胀和运动中。

宇宙形成的大爆炸理论

科学家推断，在大爆炸发生之前宇宙一片漆黑，宇宙内的所有物质和能量都聚集在一起，并逐渐浓缩成一个体积很小但温度和密度都很大的点。大约在137亿年前，这个点的温度和密度达到了自己所能承受的极限，于是就发生了大爆炸。大爆炸使凝聚在这个点上的物质和能量四处迸飞，使得宇宙空间不断膨胀，宇宙的温度也相应下降。在大爆炸发生后的1秒钟内，宇宙的温度降到约1.0×10^{10}℃，这时的宇宙是由质子、中子和电子构成的一团混沌。这团混沌后来逐渐变冷，当温度降到1.0×10^{9}℃时，混沌的中心开始发生反应，生成各种元素。这些物质的微粒相互吸引、融合，像滚雪球一样越滚越大，并逐渐演化成星系、恒星和行星等各种天体。

原子形成。

原子核形成。

创世大爆炸

星系形成。

今日的宇宙

宇宙大爆炸

有待于探明的宇宙形状

浩瀚的宇宙深不见底、宽不见边，那么它究竟是什么形状呢？关于这个课题的研究，比较普遍的观点是：宇宙的形状是扁平的，而且自形成以来一直在不断扩展。但是也有一些科学家认为，光在宇宙大爆炸后开始向外传播，而光是四面八方传播的，那么，宇宙很可能是球形的，因为它符合"有限无边"的条件。还有一些科学家推断，宇宙是有限的，大约只有70亿光年那么宽，形状为五边形组成的十二面体。人们之所以感觉宇宙是无限的，是因为宇宙就像一个镜子迷宫，光线穿梭往来，让人们产生错觉，误以为宇宙在无限伸展。

星云

星际物质在宇宙空间的分布并不均匀。在引力作用下，某些地方的气体和尘埃可以相互吸引而密集起来，形成云雾状，人们形象地把这些区域称做星云。星云没有明显的边界，直径在几十光年左右的最为常见，常常呈不规则形状。星云的形状不一，明暗程度也不等。就形态来说，星云可分为弥漫星云、行星星云、超新星爆发后的剩余物质云；就发光性质而言，星云可分为亮星云和暗星云等。

星团

星团是由10个以上的恒星组成的、被各成员星间的引力束缚在一起的恒星群。恒星之间弥漫着星云。星团可分为球状星团和疏散星团两种。

星系

星系是由几百万到几万亿颗恒星以及星际物质组成的。星系的大小不一，直径从几千光年至几十万光年不等，质量在太阳质量的100万倍至1万亿倍之间。星系的形状多种多样，可以粗略地划分为椭圆星系、透镜星系、旋涡星系、棒旋星系和不规则星系5种。

天文望远镜

星体

宇宙里存在着无数个类似银河系的星系，这些星系包含着数百万个不同星龄的星体。有些星体类似于太阳，能够发光发热，所以被称为恒星；有些星体则围绕恒星运转，不能发出光亮，被称为行星。

来自天河传说的启示

—— 银河系揭秘 ——

图为相机拍摄到的银河，它展现了在天空中观察到的银河的样子。

在晴朗的夏夜，星空里有一条长长的光带，这就是银河。在很早以前，世界各地的人们就已经注意到这条光带。在中国古代，人们称银河为"天河"；在博茨瓦纳沙漠地区的游牧部落，人们将这条光带称作"夜空的脊梁骨"；古希腊人则认为，银河是天后赫拉流出的乳汁。如今，望远镜等天文仪器的使用，或许"阻碍"了人们像古人那样用浪漫和充满神话色彩的视角来看待银河系，但却让人们逐渐看清了银河系的真实面目，人类也由此进入了一个前人无法想象、更加引人入胜的世界。

天球上的银河
由于我们不能看见地平线以下的部分，因此银河只有一半可见。

银心
银心是银河系的中心，位于人马座内。这个区域由高密度的恒星组成，主要是年龄大约在100亿年以上老年的红色恒星。银心的质量约是太阳质量的400万倍。

银河在哪里

银河是银河系投影在天球上的一条淡淡发光的带，各部分的宽窄和明暗程度相差很大。银河在天鹰座与天赤道的相交处。在北半天球，它经过天鹅、蝎虎、仙王、仙后、英仙、御夫、金牛、双子和猎户等星座，跨入天赤道的麒麟座，再往南经过大犬、船尾、船帆、船底、南十字、半人马、圆规、矩尺、天蝎、人马和盾牌等星座。

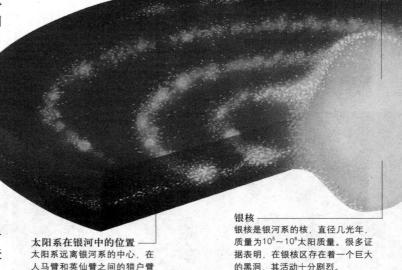

太阳系在银河中的位置
太阳系远离银河系的中心，在人马臂和英仙臂之间的猎户臂上，距离银心2.6万光年。

银核
银核是银河系的核，直径几光年，质量为 $10^5 \sim 10^6$ 太阳质量。很多证据表明，在银核区存在着一个巨大的黑洞，其活动十分剧烈。

银河系的自转

　　银河系内的所有天体都绕着银心转动，这种运动叫银河系自转。1887年，俄国天文学家斯特鲁维首次观测研究银河系自转。银河系自转不同于固体转动，银盘内从中心到边缘的不同地方自转的速度都不同。银心附近和银盘边缘的自转速度较慢，而太阳附近的自转速度最快，达250千米/秒，太阳以这一速度绕银心旋转一圈，大约需要2亿年的时间。

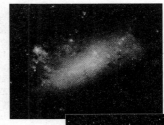

银河系自转动速率差异

3000秒差距臂

人马臂
人马臂是最内圈的主旋臂，环绕着银河系中央向右伸展。人马臂上靠近银河系中心的部分主要由分子云组成。

200千米/秒
250千米/秒
240千米/秒

猎户臂
又称本旋臂，介于英仙臂和人马臂之间，太阳系位于该旋臂的内缘。

英仙臂
英仙臂属于外圈旋臂，分布相当松散，有些地方和猎户臂几乎合在一起。它由一系列不连贯的年轻恒星和星云构成的臂段组成。

银河系的伴娘——麦哲伦星云

　　麦哲伦云和银河系是两个伴星系。麦哲伦星云由两部分组成，它们在天球上离南极只有20度左右，是南天银河附近两个用肉眼清晰可见的云雾状天体。1521年，葡萄牙航海家麦哲伦航行到南美洲南端时发现了它们，并对它们作了精确描述。后来称这两个天体为麦哲伦云，其中较大的为大麦哲伦云，较小的为小麦哲伦云。大麦哲伦云属矮棒旋星系或不规则星系，质量为银河系的1/20；小麦哲伦云属不规则棒旋矮星系或不规则星系，质量为银河系的1/100。

大麦哲伦云

小麦哲伦云

银晕
银晕是弥散在银盘周围的一个球状区域，其直径约为9.8万光年，范围比银盘大50倍以上。

银盘
银核的外面是银盘，它是银河系的主体，直径约为8万光年，中间部分厚度大约有6000光年，太阳附近银盘的厚度大约为3000光年。银河系的绝大部分恒星和星际物质都集中在这一扁平的圆盘状的区域内。银盘主要由4条巨大的旋臂环绕组成，每条旋臂中都有数百亿颗年轻的恒星。

银冕
在银晕外面还分布着一层巨大的星球状的射电辐射区，称为银冕。银冕离银心更为遥远，至少延伸到距银心32万光年远的地方，宛如银河系的一顶"凤冠"。

银河系的空间运动

　　银河系除了自转以外，也在宇宙空间运动。由于我们生存在银河系里，因此不能直接观测银河系在宇宙空间的运动，但可以通过一些河外星系相对于银河系的运动，来研究银河系自身的运动状况。现在，天文学家已经测算出，银河系除了自转外，还以225千米/秒的速度朝麒麟座的方向运动。

漫长的生命之旅

——— 恒星的一生 ———

恒星的原料

恒星是从微尘和氢、氦两种气体的分子云中形成的，氢及氦又在恒星内部转变成更重的元素。恒星在演化发展过程中会将部分材料归还给太空，这些抛弃的材料循环再生，用以产生新的恒星。当恒星的生命结束后，所有材料又会返还到太空中，投入到新一轮的恒星生命体系中去。

宇宙中有无数颗恒星，仅人类肉眼可见的就有6500多颗。虽然这些恒星有各自的生命周期，但都会经历诞生、成长及衰亡的过程。恒星的生命历程是天文学研究的热门课题，我们对那些天文学中未解的疑问，如宇宙的年龄、太阳系形成的方式、宇宙中除地球外存在智慧生物的可能性等所获知的认识和做出的猜测，多数都是基于对恒星历史的了解而获得的。天文学家通过研究得出的恒星演化理论，为探索恒星的基本性质奠定了坚实的基础。下面就让我们根据恒星的演化特点来了解恒星的生命历程。

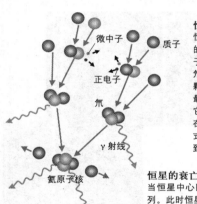

微中子　质子　正电子　氕　γ射线　氦原子核

恒星内部的热核反应

恒星在内部的高温高压下发生着剧烈的热核聚变反应。反应中，两个质子(氢原子核)首先聚结在一起，形成氕。氕再与另一质子结合成氦3，两颗氦3融合成氦4。在这一系列过程的最后，有两个质子被释放出来，之后它们重新进入到热核聚变反应链中。在热核聚变过程中，核能以辐射的方式穿越恒星向外传播，这样我们就看到了恒星闪烁的光芒。

恒星的衰亡历程

当恒星中心区的氢燃烧完毕时，氦也开始燃烧，接着碳也加入燃烧的行列。此时恒星的中心温度变得更高，可达几亿度，发光强度增大。引力会将恒星核心挤压得更紧密，同时外层在得到核心收缩释放的能量后剧烈膨胀，成为红巨星。当红巨星的热核反应不再发生、核能接近枯竭时，红巨星的内部高温使外部发生爆炸，并抛射大量物质。飞抛出去的物质形成一个行星状星云，最后剩下密实的核恒星。此核质量若小于1.44倍的太阳质量，则此恒星演化成白矮星。若恒星的质量较大，膨胀后则成为超巨星，以剧烈的超新星爆发的形式结束生命。爆炸时，恒星的外层高速向外抛出，留下的内核坍缩成一颗中子星。如果这是一颗质量更大的恒星，则它在超新星爆发后坍缩成一个黑洞。

超巨星

恒星核内的氢耗尽后，便进入巨星相。较低质量的恒星增亮成为红巨星；高质量的恒星则保持同样亮度，成为超巨星。超巨星有蓝色(最热)、白色、黄色或红色。在超巨星的内部，氦融合产生的碳和氧可以进一步融合成更重的元素。

巨星

亮星进一步发展膨胀成为巨星。

亮星

星云

恒星诞生

恒星是由炽热气体组成的、能自行发光的球形或接近球形的天体。恒星一般在宇宙深处星云密集的地方诞生。构成恒星原始星云的气云在重力作用下坍缩，内部出现物质数量和密度不等的区域。当部分区域的气云收缩成团时，其密度会越来越大，温度也随之升高，当中心的温度达到$1.0 \times 10^7 ℃$时，恒星便开始发光。最初形成的恒星称为原恒星，它在引力的作用下继续收缩，密度继续增大，经过一段时间后，内部的压力逐渐增大，最终阻止星体坍缩，成为主序前星，主序前星接着又向主序星演化。

恒星的生命特性

　　1906年，丹麦天文学家赫兹普朗绘制出恒星分类图，将恒星分为两群，现在称为主序星和巨星。在恒星的一生中，停留在主序星阶段的时间长短取决于恒星的质量大小。质量大的恒星热核反应进行得快些，燃料消耗也较快，因此寿命较短；质量小的恒星与此相反，因此寿命较长。成为巨星的恒星则意味着生命已走向衰亡。

恒星的大小与温度及光度的关系

不同的恒星，它们的大小、质量、光度、颜色和化学成分也各不相同。一般说来，质量越大的恒星，其温度便越高，颜色则越蓝。质量小一些的恒星红色，温度也低一点。太阳呈橘黄色，表面温度为5500℃。

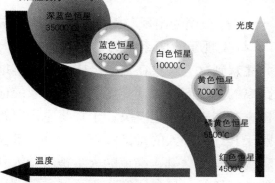

深蓝色恒星 35000℃
蓝色恒星 25000℃
白色恒星 10000℃
黄色恒星 7000℃
橘黄色恒星 5500℃
红色恒星 4500℃

光度

温度

超新星

当质量很重的恒星以惊人的爆炸结束生命时，恒星通过喷发向太空扩散，在几天之内其亮度超过整个星系，处于这种状态的恒星称超新星。超新星爆发后的残骸极为炽热，并且在接下来的数百年或数千年里继续扩散和发光。

黑洞

黑洞是围绕一个无限致密点（称为奇点）的强大重力区域。包括光在内的任何物质只要落入其内，便无法逃脱。质量比太阳大3倍以上的超新星残骸坍缩后就形成了黑洞。

行星状星云

行星状星云通常比较暗淡，它是红巨星衰亡之时向外喷散而形成的扩散状星云。

平稳的活动状态

　　我们观测到的恒星，90%以上是主序星。恒星一生中约90%以上的时间处于主序星阶段。当主序前星的内部温度升高到 1.5×10^7℃时，氢聚变为氦的热核反应开始全面发生。当热核反应产生的巨大辐射能量使恒星内部的辐射压力和气体压力增高到足以与引力相抗衡时，恒星就不再收缩，成为青壮年期的主序星，进入一生中最辉煌、活力最充沛的时期。

主序星

恒星的青壮年阶段都处于主序星状态。

红巨星

红巨星是膨胀的恒星，它吞没了周围的行星。

白矮星

当行星状星云在太空中消散后，剩下的特别密集的核心叫做白矮星。由于不再产生能量，白矮星坍塌成非常小的体积。典型的白矮星质量和太阳相当，体积却只有地球那么大。

原恒星

原恒星由一团疏散的星云包围着。

亮星

主序星慢慢变亮，成为亮星。

超新星

中子星

当质量比太阳大1.4倍至3倍的超新星残骸坍缩为最大限度的固态物质时，即形成中子星。这些中子星的密度大得惊人，其一个针尖大小的物质就有数百万吨重。

巨星

脉冲星

旋转的中子星就是脉冲星。脉冲星好像一座灯塔，从热点或表面上发射出辐射束。脉冲星的自旋所造成的巨大磁场，为地球磁场的1兆倍。

从五行说起

—— 认知太阳系 ——

五行一词的出现与古代圣贤观测宇宙有关，他们首先发现了太阳系中的金、木、水、火、土五大行星，并注意到这五颗星在黄道星座之间不停地东转西移，且因距离的变化而改变其亮度。这一天象使他们认为这些星与国家或国王的命运有关，于是将它们以神的名字命名，并赋予其许多动人的神话故事。例如，最亮的金星被希腊人称为美与爱之神，红色的火星被希腊人和罗马人视为战神的象征等等。最早研究太阳系运行的谬论学说层出不穷，直至波兰天文学家哥白尼提出的"日心地动说"科学地描述了太阳系，才让人们认知了五行与太阳系的关系。

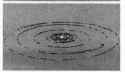

太阳系形成
研究资料表明，地球以及其他大行星和太阳一样，都已有46亿年的年龄。这就是说，整个太阳系几乎是在同一个时刻由一个巨大的气体星云和尘埃星云所形成。那时，这块星云越聚密度越大，而且旋转的速度也越来越快，最后因离心力的作用变成一个扁平的煎饼状圆盘。其他的物质则以气束的形式垂直于圆盘的方向流出。

太阳系成员

太阳系是个行星系，由一个中央恒星——太阳和沿轨道绕太阳运行的其他天体组成。在太阳系的控制范围内，还存在着难以计数的小行星和彗星。如在火星与木星之间分布着数十万颗大小不等、形状各异的小行星，它们一直处在不断被发现的过程中。在最远的海王星轨道之外，科学家推测还有许许多多的小天体存在，这其中也包括奥尔特彗星云。奥尔特彗星云中经常会有零星的彗星蹿出，它们越过浩瀚的太空，来到太阳系的腹地。

合
所谓"合"是指外行星按行星、太阳、地球的顺序排列。当外行星出现"合"时，我们在地球上就看不到它了。

冲
所谓"冲"是指外行星按行星、地球、太阳的顺序排列。当外行星到"冲"的时候，我们会在日落时的东方天空看到它，隔天早晨就消失，所以观测时间只有一个晚上。"冲"的时候，外行星距离地球最近，视直径最大，太阳光直射行星表面，此时是观测的最佳时期。

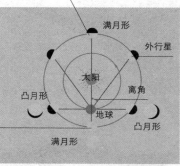

满月形
外行星
离角
太阳
凸月形
地球
凸月形
满月形

外行星的视现象

太阳系行星成员的大小比例示意

水星　金星　地球　火星　木星　土星　天王星　海王星

行星

　　行星位于太阳的周围，它们在各自固定的轨道上依相同的方向做有规律的运动。行星本身不发光，以反射太阳光而发亮。离太阳最近的行星是水星，以下依次是金星、地球、火星、木星、土星、天王星、海王星。这八大行星可分为三类：类地行星(水、金、地、火)、巨行星(木、土)及远日行星(天王、海王)。在一些行星的周围存在围绕行星运转的物质环，它们由大量小块物体(如岩石、冰块等)构成，因反射太阳光而发亮，称为行星环。土星、天王星和木星都有光环，这为研究太阳系的起源和演化提供了新的信息。

上合(或下合)
内行星在上合与下合时，方位和太阳一致，地球上无法观察到。

东大距
内行星离太阳东侧最远时称为东大距，这时行星会出现在日落后的西方天空。

西大距
内行星离太阳西侧最远时则称西大距，这时行星会出现在日出前的东方天空。

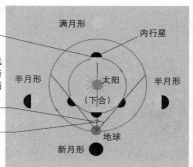
内行星的视现象

行星的视运动
在宇宙空间里，行星做着有规律的运动，但是对于在地球上的观察者来说，它们的运动非常复杂。天空中的行星有的由西向东移动(顺行)，有的由东向西移动(逆行)，有的则静止不动(留)。我们从地球上所见到的移动，称为行星的视运动。八大行星都在黄道面南北两侧约8°角的范围内运行着。

外行星的视运动
公转轨道在地球外侧的行星称外行星，如火星、木星、土星、天王星、海王星。外行星的运动形态通常为顺行，"合"的时候则与太阳处在同一方向上，但由于地球向东运转的速度较快，外行星运动暂时变成逆行。在逆行的中途，外行星的运动形态又会变成"冲"，并于夜半出现在正南方，这时候，又会被绕行太阳一圈的地球由西赶上而转变成"合"。

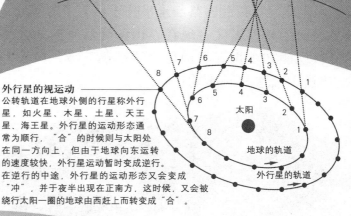

行星的卫星

　　卫星是围绕行星运行的天体，月球就是地球的卫星。卫星反射太阳光，但除了月球以外，其他卫星的反射光都非常微弱。卫星在大小和质量方面相差悬殊，它们的运动特性也很不一致。太阳系中，除了水星和金星以外，其他的行星各自都有数目不等的卫星，其中尤以木星和土星的卫星数最多。

内行星的视运动
公转轨道在地球内侧的行星称内行星，如水星、金星。内行星是以太阳为中心，在一定的角度内往东或西运动。其中自西往东运行称为顺行，自东往西则称为逆行，从顺行转为逆行或由逆行转到顺行的过程都叫做留。

拜访地球的邻居

———— 类地行星：水星、金星、火星 ————

人类开始探索太空以来，最先关注的就是太阳系里的类地行星，因为人们想知道类地行星是否与地球一样也有生命存在。美国于1962年发射的"水手2号"探测器首次成功地接触到了金星。1964年11月发射的"水手3号"、1975年发射的两个"海盗号"和1992年发射的"火星观察者号"探测器都曾发回过有关火星的信息。水星离太阳最近，所以很少有探测器能到达那里，仅1973年11月发射的"水手10号"探测器路经水星时才拍下了第一批水星表面的细部影像。现在，由探测器发回的数据资料已能初步揭开类地行星的神秘面纱，但相关的细节还需要进一步的探索。

类地行星的特点
类地行星一般都比较小，密度较大，相对来说没有多少大气。类地行星是以硅酸盐岩石为主要成分的行星，其结构大致相同：有一个主要是铁的金属核心，外层被硅酸盐地幔所包围；表面一般都有峡谷、陨石坑、山脉和火山。

坑坑洼洼的水星表面
水星表面布满伤痕，有着大大小小数千个陨石坑。这是由于水星表面没有大气层保护，陨石不断撞击水星表面所造成的。由于没有风雨的侵蚀，水星表面的地形地貌能保持数百万年不变。

奇特的水星

水星距太阳5800万千米，是离太阳最近的行星，也是八大行星中个头最小的一颗。水星的公转速度奇快，在距太阳近时，可达56千米/秒；在距太阳远时，速度减为37千米/秒。水星有个奇妙的特点，那就是它的自转周期与它围绕太阳运行的公转周期非常接近，因此水星的一面会长时间地对着太阳。在朝着太阳的一面上，全年白昼无夜，表面温度很高，赤道附近的温度高达400℃。与此相反，在阳光照射不到的水星背面则是长夜无昼，酷寒难熬，表面温度达到−162℃。

揭开金星的神秘面纱

金星是太阳系中距地球最近的行星，也是浩瀚星空中最亮的一颗星。但是金星比较羞涩，总是被浓厚的云层包围着，即使用天文望远镜也很难窥见它的真面目。金星的外表最像地球，且质量和大小都与地球相近。然而，金星也有自己独特的一面，它逆向自转且转速很慢，周期为243天，这比它绕太阳公转的周期还要长18.3天。因此金星总是一面朝向地球，另一面却要隔200年才能看到一次。人类发射的一系列空间探测器造访金星后，揭开了金星的神秘面纱：原来在浓密的大气之下，金星是一个表面温度达480℃的火球；同时，不断喷发的火山加剧了金星大气的对流，形成猛烈的狂风。

金星地貌

金星的地形地貌与地球大体接近，也有高山、峡谷、丘陵和平原。它表面2/3的地区是丘陵，有大量火山群和小规模的火山分布，其中一座被命名为马克斯韦·曼蒂斯的火山是太阳系八大行星中的最高山峰。

奥林匹克火山

火星表面有数不胜数的火山，它们中的很多都气势宏大。最高的是奥林匹克火山，高27.4千米。

漫天的尘暴

尘暴是火星上的奇特现象之一，通常出现在南半球的春季和夏季，是火星上最活跃的天气现象。每年大约发生100次地区性的尘暴，其风速差不多是地球上12级台风的6倍。这种尘暴往往覆盖半个甚至整个星球。

微薄的大气

火星大气比地球大气稀薄得多，气压仅为地球大气压的0.5%~0.8%，相当于地球上空30~40千米的地方的气压。火星大气中二氧化碳占95.32%，氮气占2.7%，氩气占1.6%，氧气占0.13%，水蒸气仅占0.01%。这些微不足道的水蒸气，仍能凝结成云并高居于大气之上，而且还可在山谷中形成晨雾。

水流的痕迹

火星上最引人注目的地形特征是干涸的河床，它们多达上千条；各种河道蜿蜒曲折，相互交错，场面十分壮观。

探寻火星上的生命

在类地行星中，火星是一颗红色的行星。火星上一天的长度几乎和地球相同，自转轴倾角也和地球差不多，因此火星上也有四季的变化。望远镜出现以后，人们观测到火星的多种特性与地球相近，因此一度将它誉为"天空中的小地球"。为了探索火星的秘密，近30年来人类已发射了20多个探测器对火星进行科学探测。这些探测器拍摄了数以千计的照片，采集了大量火星土壤样品进行检验。迄今为止的实验结果表明：火星上没有江河湖海，土壤中也没有动植物或微生物的任何痕迹，更没有"火星人"等智慧生命存在。

火星表面地貌

火星表面十分荒凉，遍地都是红色的土壤和岩石。覆盖火星表面积75%的是由硅酸盐、褐铁矿等铁氧化物经太阳辐射和火星表面的风化作用而形成的沙漠。火星上也有由火山喷发形成的高山和峡谷。著名的"水手大峡谷"深达7千米，长4000千米，宽约300千米。

火星的面貌

它们是恒星吗

巨行星：木星、土星

土星

地球

木星

木星和土星
与地球的大
小对比

木星与其他行星不同，它有自己的能量，能够发光。近年来，人们通过研究，证实木星正在向宇宙空间释放巨大能量，它所释放的能量是它从太阳那里所获能量的两倍，这说明有一半的能量来自于木星内部。那么木星到底是不是恒星呢？研究表明，木星是由液体状态的氢组成，只能发出微弱的光。所以从严格意义上说，木星是处在行星和恒星之间的特殊天体。土星也属于这类天体。下面就让我们来进一步研究这类独具特点的巨行星。

巨行星的特点

木星和土星是行星世界的巨人，称为巨行星。通过望远镜和空间探测器所拍摄的照片，人们了解到，木星和土星拥有浓密的大气层，在大气之下是一片沸腾着的由氢组成的"汪洋大海"，所以它们实质上是液态行星。因此，科学家利用由空间探测器观测到的数据，建立了一个能与所有限制条件相符的木星和土星的静态模型，以此来了解巨行星的内部结构特点。由于木星和土星都能发出相当于它们所接收的阳光两倍的辐射，那么这些辐射很可能来自其内部液体的对流。

木星

木星环
1979年，美国发射的"旅行者1号"发现木星的腰间有环带，后来"旅行者2号"证实了这一发现。木星环只有几千米宽，厚不足30千米，主要由岩石碎块组成，不反射阳光。

奇妙的大红斑
木星上的这块大红斑耸出顶部云层约8千米，近似椭圆，其长轴平行于木星的赤道；颜色在浅红浅灰和鲜红色之间变化。经探测，这块大红斑是一巨大风暴中心，它与飓风相似，但没有"风眼"。

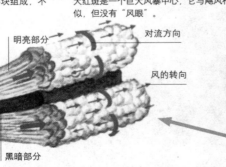

明亮部分

对流方向

风的转向

黑暗部分

木星的大气运动
由于大气对流的缘故，明亮的部分为上升气流，黑暗的部分则形成下降气流。红色的部分推测大概是大气的乱流。

金属
氢（液态）

液态氢

木星美丽的条纹
木星上那些美丽的条纹与赤道平行，呈亮、暗交替状，其中明亮颜色的带称为"亮带"，暗交带则称"带纹"。带纹是随着木星自转而环绕在木星上的不同种类气体的云层。亮带是由高度在80～100千米、气压在0.5～1个地球大气压聚积成云层的氢晶体组成；高度是在30千米的是深色云层带纹，由硫酸氢铵晶体组成；而高度为20千米或更低处的深色云层是冻结的冰晶组成的蓝色云层。

行星中的"巨人"——木星

　　木星是太阳系行星中的"老大"，如果木星的内部是空的，它就能装下1000多个地球。木星的直径达到14.28万千米，体积是地球的1316倍，质量是地球的318倍。与地球一天24小时相比，木星的自身旋转快得惊人。由于木星自转太快，因此它不能够形成球形，而成为沿赤道隆起、上下扁平的椭球形。木星的成分也比其他行星更为复杂。木星表面有许多连绵不断的明暗相间的条纹，以及奇妙的大红斑。

大气层

土星

分子氢

金属氢

冰

核

卡西尼环缝

在伽利略发现土星光环后，意大利天文学家卡西尼进一步发现土星的环带并非天衣无缝，而是由同心环组成。环与环之间的缝隙叫做环缝。后来人们将一个最著名的环缝命名为卡西尼环缝。

土星环

土星有一个极薄但却很宽的环状系统，虽然厚不到1千米，却从土星表面朝外延伸到约32万千米的高空。土星环的主环包括数千条狭窄的细环，它们是由小微粒和大到数米宽的冰块所构成。这些冰由甲烷、氢和硫化氢等物质组成。

土星的表面

土星表面的纹理图案虽不似木星那般清晰，但也有云带状条纹存在，有时还会出现白色的斑点。

土星的卫星成员

目前探知的土星卫星有22颗，有些在光环内运行。土星的卫星系统非常稳定，多数卫星的轨道都是近圆形的，并都处于土星的赤道平面上，而土卫八和土卫九是例外。另外，在所有卫星中，只有土卫六拥有明显的大气层。

木星的卫星家族

木星至少拥有18颗卫星，其中最大最亮的四颗卫星（木卫一、木卫二、木卫三和木卫四）早在1610年就被伽利略发现了。1995年"伽利略号"宇宙飞船在进入木星轨道后，陆续观测到木卫一上的火山喷发、木卫二的冰水圈、木卫三曾经历板块活动的线索以及木卫四遍布陨石坑的地貌。

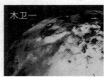
木卫一

木卫二

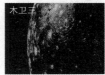
木卫三

木卫四

原始大气层

由于木星本身的巨大尺寸以及远离太阳，几乎所有的木星物质都保留在行星上而未失散到太空中去。另外，木星高层大气非常冷，大约为-150℃，原子和分子的运动速度较低，这使大气保持了大量的原始成分。这样木星就等于给了科学家研究46亿年前形成太阳系物质的机会。

长"耳朵"的土星

　　大约400年以前，当伽利略将自制的望远镜朝向土星的时候，他发现土星多了两个"耳朵"，但他并不清楚这是什么。直到半个世纪以后，荷兰的天文学家惠更斯用更强大的望远镜观察才发现，土星的"耳朵"实际上是围绕土星的一个环带，从而完整地描述出了土星的面貌。土星是一个几乎和木星一样大的气体巨星，赤道直径约12.05万千米。土星也是由氢及氦组成的，但密度只有水的70%。土星的公转周期约为29.5年，自转周期为10小时14分。由于自转速度很快，因此赤道附近的离心力很大，使得土星的形状变成了扁圆形。

探访远日行星

—— 远日行星：天王星、海王星 ——

1781年，英国人赫歇尔发现了太阳系的第七颗大行星——天王星。后来，人们在观测天王星时，发现它时常跑出自己应当遵循的轨道，由此人们推断还有一个未知的引力作用于天王星。后来英国大学生亚当斯测算出了另一颗未知大行星的轨道。1845年9月23日，法国天文学家勒维烈根据亚当斯的推算终于在茫茫星海里发现了海王星。冥王星是在1930年3月由美国人汤博发现的，它曾一度被列入行星之列，不过到2006年8月它又被"开除"了。

天王星的蓝色表面
天王星表面散发出带有白色的蓝绿光彩，据推测这是大气中可能含有很多甲烷的缘故。由于大气层的甲烷吸收了红光，使得来自太阳的白光在缺乏红光的成分后，呈现出蓝绿色调。

发现天王星光环
天王星的赤道上空有11道环，每一道环都只有数十千米宽，非常纤细。与木星及土星不同，天王星的光环是由碳粒石或岩石组成的，所以非常暗淡。环带因牧羊人卫星的作用而存在。因为环外侧卫星的公转速度比环慢，使得环粒子往行星的方向掉落；相反，在环内侧的卫星公转速度较快，则会把环粒子往外推。两种力共同作用，使得天王星的环粒子不易脱逃。

云带
与其他气体行星一样，天王星也有带状的云围绕着它快速飘动，只是不够明显而已。另外云层中还有向外喷射的气流。这些云带都是大气层中风作用的结果。

躺着转的天王星

天王星距离太阳约29亿千米，其体积仅次于木星和土星。尽管天王星的直径约为地球的4倍，质量约为地球的14倍，但密度却不及地球的1/4，这是因为天王星与其他类木行星一样，都是以氢、氦等气体为主要成分。天王星的最大特征是自转的倾斜度很大。一般行星的自转轴与其公转面都比较接近垂直，唯独天王星的自转轴与公转面成98°角的倾斜，几乎是横躺着运行。因此，太阳有时整天都照在北极上，而这时的南半球就全天黑暗。

海王星的蓝色成因
海王星大气的主要成分是氢和氦，但是它们是透明的。海王星蓝色的色泽，由大气中含量较少的甲烷造成。

大黑斑
海王星大气层内的云有着显著的特征，其中最明显的是大黑斑。大黑斑位于南半球，是由两条长约4345千米的巨大黑色风云带和一块面积有地球那么大的风暴区构成。这块大黑斑沿中心轴向逆时针方向旋转。

蓝色的海王星

海王星是类木行星中最外侧的一颗，也是最小的一颗，它的体积远比天王星小，可质量却比天王星大；直径只有地球的4倍，公转周期约为165个"地球年"。海王星离太阳有45亿千米远，到达它的太阳光辉已无法温暖它。科学家推测海王星的表面温度大约在−200℃以下，地面被厚厚的冰层包裹着，就像一个大冰球。1989年8月25日，"旅行者2号"探测器飞越了海王星，观察到了海王星的大黑斑，发现了海王星的6颗新卫星及海王星光环。

有争议的"行星"

美国宇航局于2004年3月15日宣布，美国天文学家在距离地球130亿千米远的地方发现了一个类似行星的天体。有些专家已把它称为太阳系的行星之一。美国天文学家们把它命名为"塞德娜"（Sedna）。这颗"新"行星比冥王星小，是一颗红色的星体，直径不到1700千米，与地球的距离比冥王星远3倍，因此，它应该是太阳系中最远的天体。塞德娜到底算不算太阳系的行星，还不能下定论。其实早在冥王星发现之后，就有一些天文学家认为，天王星和海王星轨道多变，不可能是冥王星独自造成的，因为冥王星的引力没有那么强。他们断言肯定有一颗行星存在，它必位于极远处，否则早已被发现。人们现在需要的是一个更好的望远镜，来搜寻、核实太阳系的"新"行星。

奇特的海卫一
海王星有8颗卫星。其中海卫一是一颗最奇特的卫星，它不仅与其他几颗卫星"背道而驰"，逆时针绕海王星旋转，而且表面温度极低，比最远的冥王星还冷。在海卫一上，几座活动的冰火山正把水和氨、甲烷的混合物高高抛向太空。

神秘未知的冥王星

冥王星的体积仅为月球的1/3，表面温度为−230～−215℃。甲烷冰构成的地表上堆积着氮、甲烷、一氧化碳结成的霜。冥王星还拥有非常稀薄的大气，约为地球的1/1000000到1/100000。不过这层大气在冥王星渐渐远离太阳时，会慢慢凝结成固态。在冥王星上看太阳，太阳只是一颗明亮的星星。冥王星是如此之小，距离地球又是如此之远，因此还没有任何人类的空间探测器拜访过它，我们对它所知也极其有限。

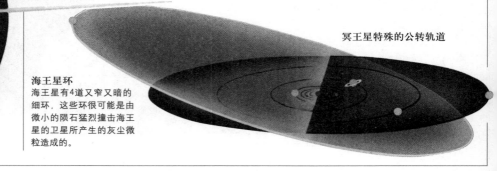

冥王星特殊的公转轨道

海王星环
海王星有4道又窄又暗的细环，这些环很可能是由微小的陨石猛烈撞击海王星的卫星所产生的灰尘微粒造成的。

卫星被太阳风暴"击中"了

——— 强烈的太阳活动 ———

在太阳活动峰年期间，太阳风暴对地球造成的影响非常显著。例如1989年3月13日至14日，太阳风暴造成加拿大魁北克地区电网停电，同时，全球无线电信号受到干扰，日本的一颗通信卫星工作异常，美国的一颗卫星轨道下降。1998年5月，美国"银河4号"卫星因受太阳风暴影响而失灵，造成北美地区80%的寻呼机无法使用，金融服务陷入瘫痪。太阳风暴虽然很可怕，但也是有规律可寻的。下面就让我们来认识一下太阳风暴。

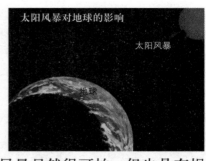

太阳风暴对地球的影响

太阳风暴

地球

太阳风暴是怎么回事

太阳风暴为太阳活动的一种表现，是指太阳因能量增加而向空间释放出大量的带电粒子流的现象。由于太阳风暴中的主要物质是带电等离子体，它们以每小时150万到300万千米的速度闯入太空，因而会对地球空间产生巨大的冲击。在太阳风暴爆发时，太阳内部常常伴有X射线、紫外线辐射增强，高能粒子流暴涨和日冕物质抛射等活动。这些太阳活动使地球磁场产生剧烈变动，电离层受到强烈扰动，地球高层大气化学成分、密度和温度发生急剧改变，从而导致无线电传播受到强烈干扰、电磁遥感测量发生错误等大量灾害性事件的发生。

氦原子核

中子

辐射

质子

太阳黑子
太阳黑子实际上是发生在太阳光球层内的涡旋运动，其温度一般比光球的其他地区低1000℃～2000℃，因此看起来呈现为较暗黑的斑块。

耀斑
在色球层中有时会出现一块突然增亮，并迅速增亮的亮斑，叫做耀斑。耀斑出现也称"色球爆发"。耀斑释放的能量相当于数百亿颗原子弹爆炸。耀斑能使带电粒子加速。

太阳黑子活动情况
黑子数目变化的周期约为11年。

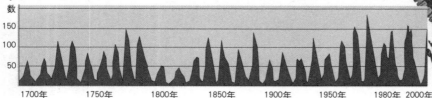

黑子数

150

100

50

1700年 1750年 1800年 1850年 1900年 1950年 1980年 2000年

太阳活动

太阳活动是指发生在各个相对稳定的太阳分层结构上的扰动现象，主要包括黑子、耀斑、日珥爆发和日冕物质抛射。黑子的出现是发生太阳风暴的征兆，预示耀斑、日珥爆发和日冕物质抛射三种活动现象往往会全部出现。目前普遍认为太阳活动是由太阳磁场变化引起的，它呈周期性变化，周期约11.2年。观测表明，每隔一个太阳活动周期，太阳两极的磁场极性就会倒转一次，因此，太阳活动完全受控于太阳磁场变化。

太阳

太阳是一颗中等规模的恒星，由大约75%的氢、25%的氦和部分重元素所构成。它的直径为140万千米，质量是地球的3.3万倍。年龄在46亿岁左右，是一颗比较年轻的恒星。它还将经历一个46亿年，直到最终变成白矮星。

对流区

在太阳内部的外层，气体通过相互运动（即热气上升，冷气下降）形成强劲的对流：位于太阳内部的气体发热后升到表面，它们在那里冷却后接着又降回内部。在此区域，太阳内部的能量通过热对流向外输送。

色球层

若把光球层当做太阳的表面，其上的色球层就等于太阳的大气。耀斑、日珥均发生在色球层上。

日珥

日珥是升腾在太阳表面边缘的一种太阳活动现象。日珥的喷射高度可达几万、几十万、甚至上百万千米。与太阳黑子一样，日珥的多少同太阳活动强弱有关，也有约11年的周期变化。

日冕层

日冕层位于色球层外，是太阳大气层的最外层，厚度达几百万千米以上。由于这层大气非常稀薄，因此只能用仪器或在日全食时见到。在太阳活动峰年，日冕呈圆形；在太阳活动谷年，日冕呈扁形，两极处收缩；在太阳活动一般年份，日冕呈辐射状。

光球层

光球层是太阳的表面，我们从地球所观测的所有现象，几乎全部发生在太阳表面上。光球层是有一定厚度的不透明发光气层，厚达数百千米。太阳黑子就发生在光球层。

辐射

可见光

紫外线

X射线

太阳黑子形成

太阳黑子是由强烈的局部磁场作用造成的。在太阳旋转初期，电磁线几乎是以直线形式从太阳磁性北极走向磁性南极。但由于太阳赤道附近的旋转速度比其他地方快，所以，磁场线也就顺着旋转方向呈螺旋形缠绕起来，并且越绕越密。最后，磁场线到达太阳表面，形成了磁性相互对立的两块黑色斑块。如果在一个半球上，第一块黑子呈北极性，第二块黑子呈南极性，那么在另外一个半球上，黑子极性排列的顺序则正好相反。大约每隔11年，北半球和南半球的极性互换一次；每隔22年，新的一轮磁性周期又会重新开始。

太阳黑子形成示意图

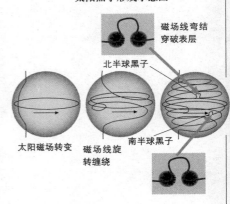

磁场线弯结穿破表层

北半球黑子

南半球黑子

太阳磁场转变　磁场线旋转缠绕

寻找外星人的踪迹

—— 寻找外星人 ——

1989年9月初，俄罗斯不明飞行物专家柯辛诺夫在树林中捡坚果时，突然看见一个灰色的像是金属制成的圆盘从天空悄然而降。只见一道红光从圆盘下方的黑色圆锥体中射出，红光所到之处，泥土四处飞溅。当他走到圆盘边想探明究竟时，圆盘突然腾空而起，以惊人的速度消失在天际。无独有偶，另一个俄罗斯不明飞行物研究任务小组成员在1990年的一个夜晚，也曾亲眼目睹类似现象。迄今为止，宣称自己目击过外星人的事例在世界各地已经屡见不鲜。在这茫茫的宇宙中，除了人类之外，到底有没有其他智慧生物存在呢？

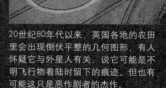

有人可能错把这种碟状的云彩看成飞碟，事实上这种云彩在天空中很常见。

外星球存在生命的可能性

现在，科学家们对人类在宇宙中的位置已经了解得非常清楚了。地球只不过是一颗再平常不过的星球，绕着一颗普通的恒星转动而已。美国天文学家戴维·休斯顿从地球生命形成的基本规律推断：宇宙存在着难以计数的行星，仅银河系就有600亿颗，其中40亿颗行星的自然状况与地球相似，即存在着水分，而且温度适宜，因此完全有可能孕育地外生命。据科学家们推测，仅在银河系，每100万颗恒星中平均就有18个高技术文明世界，更何况还有那么多的河外星系呢！

20世纪80年代以来，英国各地的农田里会出现倒伏平整的几何图形，有人怀疑它与外星人有关，说它可能是不明飞行物着陆时留下的痕迹。但也有可能这只是恶作剧者的杰作。

红外线观测所拍摄到的火星

外星人的故乡——火星

空间探测器对火星的近距离观察表明，火星上很可能有过滚滚的江河流水和适宜的大气。数十亿年前，火星是极其活跃的；火山频频喷发，地震常常发生，而且气候也比现在暖和得多。科学家们甚至猜测，火星上曾经有过浅海洋，这样的环境和条件跟早期的地球有些相似，生命是完全有可能存在的。因此，在漫长的历史中，火星上很可能有火星人生存过。后来，由于种种原因消失，也有可能迁徙到别的星球上去了。

外星人的长相

外星人据猜想大致可分为四种类型：矮人型、巨人型、蒙古人型和怪物型。矮人型的外星人的数量似乎最多，它们的身高在0.5~1.2米之间，头颅比较大，很像远古的类人猿，他们可能来自引力比较大的星球。巨人型的身高在1.8~3米之间，同样有比较大的脑袋，皮肤颜色较淡，有巨型的爪子和蹼，这些巨人很可能来自被水覆盖的星球。蒙古人型的外星人也很"常见"，他们的外形与人类最为相近，看上去跟亚洲人差不多，有宽下巴，高颧骨，黑眼珠，他们居住的星球环境可能和地球类似，至于怪物型，则是什么形状都有

特殊的交通工具

许多人认为他们看到的不明飞行物就是外星人所乘的交通工具，也就是"飞碟"。的确，飞碟具有人类科技望尘莫及的"神通"，它们能够克服地球的引力悬浮于空中，能够在瞬间加速或刹车，甚至在行进时能突然改变方向，向完全相反的方向飞去。不少与不明飞行物有过接触的飞行员还说，不明飞行物能干扰无线电通讯，使罗盘等仪器失灵。

地球的名片

地球的名片是地球人送给外星人的礼物。1972年3月和1973年的4月，美国先后成功发射了"先驱者10号"和"先驱者11号"探测器，它们携带了两张完全相同的"地球名片"飞离太阳系，在茫茫的宇宙中寻找"外星人"。地球名片是一张22.5厘米长、15厘米宽的镀金铝板。上面画有氢原子的结构、太阳系在太空中的位置、地球在太空中的位置，以及地球上的人类——一男一女正在向外星人致意。地球名片承载了地球人的智慧和友谊，飞向遥远的太空。如果外星人真的存在，希望有一天它们会收到地球人的问候。

关于外星人存在与否的争论

尽管迄今为止关于外星人的报道已是数不胜数，但人们对外星人是否存在还是争论不休。肯定者认为，外星人是客观存在的。他们从历史文献资料中找到不少古代发现飞碟的记述，以此证明这是古今中外都曾有过的现象。否定者则认为，所谓的"外星人"只不过是一种最强烈的公众幻想，根本不可能存在。因为许多不明飞行物现象常在地震前后出现，因此它们极有可能是地震时所伴随的一种地光现象。另外，闪电、流星、迁徙的鸟群或昆虫、坠毁的人造卫星等，都能造成出现不明飞行物的假象，令人产生误解。由此看来，外星人是否存在还有待于进一步的科学证明。

图为人类想象中的外星人的形象。

永不磨灭的脚印

人类登月探索

探索地球之外的行星，一直是人类渴望的宇宙之旅。和其他天体相比，月球可以说是"近在咫尺"，因此人类探索太阳系的第一站就是月球。1969年7月21日是一个永远值得纪念的日子。这一天格林尼治时间4时7分，美国宇航员阿姆斯特朗走下登月舱扶梯的最后一级阶梯，在月面上迈出了具有历史意义的第一步。虽然从扶

人类登上月球。

梯到月面只有几十厘米，但这一步却意味着人类长久以来登月梦想的最终实现。

"阿波罗号"的登月之行

| 火箭发射 | 地面的指挥中心 | 环绕月球飞行的指挥仓 | 降落在月球上的登月小艇 |

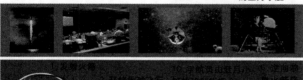

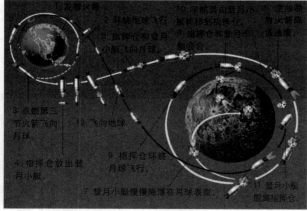

月球的外貌（正面）
月球有两种特殊的地形：深灰色的平原（或称为月海），还有较亮的高地。高地由无数的坑洞覆盖，是月壳年龄最老的部分。平坦的平原则是一些充填了熔岩的大型土坑。平原之中还有一些较小的新形成的月坑，月坑周围环绕着环形山。

哥白尼环形山
哥白尼环形山是月球上最突出的环形山之一，其山壁上有像台阶一样的台地，直达环形山的底部。

月坑
在月球表面，特别是月陆地区，布满了大大小小的月坑，其中辐射状月坑的辐射线通常从月坑中心呈放射状向外延伸，极为壮观。

月海
由凝固的熔岩构成的盆地，称为月海。说是海，但没有一滴水。月亮上一共有22个月海，其中3个位于月球背面，4个跨越正背两半球，其他15个均在月球的正面。

人类的探月方式

人类主要以四种方式对月球进行探测。第一种方式是探测器在月球附近飞过，或者在月球的表面硬着陆。硬着陆时，探测器撞击月球表面，利用破碎的短暂过程来探测月球周围环境和拍摄月球照片。第二种方式是利用月球卫星来获取信息。这种方式能有比较长的探测时间，还可以获取比较全面的资料。第三种方式就是在月球表面软着陆。这种方式可以拍摄局部地区的高分辨率照片，还可以进行月面的土壤分析、月震测量等。第四种方式是载人或者不载人探测器软着陆后取得样品，返回地球，进行实验分析。

月球上的世界

月球上没有大气，因而就没有了风、云、雨、雪、雾等气象，也没有四季变化。由于月面上缺少大气和水的调节，昼夜温差很大，白天在阳光垂直照射的地方温度高达127℃，到了夜晚，则最低可降到-183℃。月球上没有空气，所以没有传播声音的媒介，宇航员在月面上谈话要用无线电通过耳机才能听到。因为没有大气的反射，月球上的天空像黑丝绒般深沉乌黑。由于没有风雨的侵蚀，月球一直保持着老样子。

近观月球
宇航员踏上月球后，看到月球一片荒凉，满目都是呈灰色的月壤和月岩。

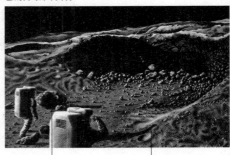

月岩
月岩的组成比较简单，主要是玄武岩构成。在月海中主要为溢流玄武岩，它的颜色较深，从地球上看，表现为月面上的暗斑。

月壤
月球表面覆盖着的厚厚的岩屑和玻璃质的物质被称为月壤。月壤不是由月岩风化剥蚀形成的，而是来自宇宙尘埃，其主要成分是玄武岩和斜长岩。

神秘的背面
由于月球始终是一面朝着地球，所以另一面就显得神秘许多。月球的背面基本上没有月海，而以坑坑洼洼的月坑和环形山为主，因而显得崎岖不平。

花岗岩外壳
岩质月幔
液态外核
固态核

月球的内部构造
月球也可分成月壳、月幔和月核。月壳厚约60~65千米，它最上部的1~2千米主要是月壤和岩石碎块。月壳以下到1000千米处是月幔。从月幔以下直到1740千米深处的月球中心为月核，主要由铁、镍、硫组成。

环形山
环形山是月面上最显著的地貌特征，山的中央有一块圆形的平地，外围是一圈隆起的山环，内壁陡峭，外坡平缓。环形山的高度一般在7~8千米之间。在月球上直径超过1千米的环形山有33000多个。

亚平宁山脉
月球上最长的山脉是亚平宁山脉，蜿蜒640千米。

月陆
月陆是月球表面高出月海的地区。月陆比月海平均高出2~3千米，在面对地球的正面，月陆的面积和月海的总面积大致相等；而在月球背面，月陆的面积要比月海的面积大得多。

月球的起源

月球的起源是个十分古老的问题，但今天天文学家对此仍然是众说纷纭。将18世纪以来的月球起源假说归纳起来，可以分为三类，即"同源说""分裂说"和"俘获说"。"同源说"认为月球和地球具有相同的起源；"分裂说"认为，在地球还处于熔融状态时，由于转速过高，以至于有一部分物质被甩出去后形成了月球；而"俘获说"则认为，月球是被地球俘获，从而成为地球的卫星的。这三种假说都获得了一些实验的支持，但在某些问题上又都难以自圆其说。

被掠夺的光明

———— 日食和月食 ————

白天，太阳给我们带来了光明和温暖；夜晚，月亮又为我们洒下柔和的光辉。不过有时候光明也会被莫名地掠夺。在中国古代，当日食或月食出现时，人们说那是天狗在吃太阳、吃月亮，于是他们就敲盆击鼓赶走天狗，希望收回光明。这些有趣的行为当然只会在人们缺乏天文知识的情况下发生。下面就让我们来科学地认识日食和月食。

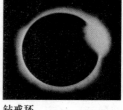

钻戒环
日全食时，在食既前与开始复圆的一刹那，可以看见的奇妙景象。

日全食
在日全食发生时，太阳的日冕就很容易观察到了。

日食现象

在地球上观察，月球遮住太阳的一部分或全部的现象称为日食。日食有日全食、日偏食和日环食三种。一次日全食的全部过程共分为五个阶段：初亏、食既、食甚、生光、复圆。月面的东边缘和日面的西边缘相外切时称为初亏，即日食开始的时刻；初亏过后，当月面东边缘与日面的东边缘相内切时称为食既，这是日全食的开始；食既以后，当月面的中心和日面的中心相距最近时称为食甚（对偏食来说，食甚是太阳被月亮遮去最多的时刻）；当月面的西边缘和日面的西边缘相内切的瞬间称为生光，这是日全食结束的时刻；生光之后，月面继续移离日面，当月面的西边缘与日面的东边缘外切时称为复圆，日食的全过程到此结束。日全食的前后过程通常在2~3分钟之间，最长者不超过9分钟。日偏食时只有初亏、食甚和复原三个阶段，日环食的过程则与日全食一样。

日食成因

月球运行到地球和太阳之间，遮住太阳的光线时，就会发生日食。由于月球比太阳小得多，它的直径大约是太阳直径的四百分之一，而月球与地球间距离也差不多是太阳与地球间距离的四百分之一，所以从地球上看，月亮与太阳的圆面大小差不多相等，因而月亮就能把太阳遮住，从而发生日食。

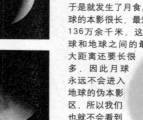

月食成因

月亮绕地球公转时，有时会进入地球的本影区，于是就发生了月食。地球的本影很长，最短的也有136万余千米，这比月球和地球之间的最大距离还要长很多，因此月球永远不会进入地球的伪本影区，所以我们也就不会看到月环食现象。

月食过程

月食从月球左方开始，月球全部被遮住后，地球的影子从右方离开。当月球全部被遮住时，天空并非一片黑暗，我们还能看见笼罩在月球上的暗红色光。

月食现象

满月时，月球进入地球的影子里，月球表面的全部或一部分陷入黑暗中的情形，称为月食。月食发生时，无论我们在地球上的哪个角度来看，其结果完全一样。月食可分为月全食和月偏食。月食总是从月亮的东边缘开始。与日全食一样，一次月全食也要经历初亏、食既、食甚、生光、复圆这样五个阶段。而月偏食只有初亏、食甚和复圆三个阶段。由于地球的影子较大，所以月食的时间要比日食的时间长。在月全食发生时，我们在地球上仍能见到暗红色的月球。这是因为太阳光中的红色光在通过地球大气时发生折射，从而使月球看起来呈红色。

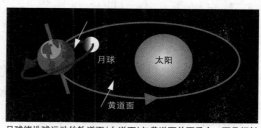

月球绕地球运动的轨道面（白道面）与黄道面并不重合，而是倾斜的，所以不会每到朔就发生日食，也不会每逢望就发生月食。

影子
凡是不发光、不透明的物体在太阳光的照耀下，都有一个影子拖在后面。地球和月球本身都不发光，它们背对着太阳的一面，都各自拖着一条长长的影子。

本影
影子最黑的部分，称之为本影。我们在月球的本影区内看不见太阳。

半影
本影周围稍微暗淡的影子，称之为半影。我们在月球的半影区只能看见太阳的一部分。

伪本影
伪本影只在日环食时存在。当太阳中心部分射来的光线被月球挡住，但太阳边缘部分射来的光线却未被遮挡时，在月球的影子上就形成了一块特殊的影区，那就是伪本影。

日全食
如果月亮的本影扫过地球表面，那么在本影区内，太阳射向月亮的光线被全部遮住，因此在这一区域的人们就会看到太阳的整个圆面被月亮遮住的日全食现象。

日偏食
如果月亮半影扫过地面，则在半影区内，太阳射向月亮光线的一部分被月亮遮住，在这一区域的人们就会看到日偏食现象。

日环食
当月亮的伪半影扫过地面，那么在伪本影区内的人们就会看到太阳中央部分被遮，而太阳四周只留下一圈窄光环的日环食现象。

月全食
当月球完全进入地球的本影区时，地球上就能观测到月全食。

月偏食
当地球的本影遮住月球的一部分时，我们看见的就是月偏食。

日食和月食的出现规律

由于月亮围绕地球运动的轨道（白道）和地球围绕太阳运动的轨道（黄道）有一定的夹角，因此日、月食的发生必须是新月和满月出现在黄道和白道交点的一定界限内，这个界限就叫"食限"。计算表明，对日食而言，如果新月在黄道和白道交点附近大约18°角的范围内，就可能发生日食；如果新月在黄道和白道交点附近16°角左右的范围内，则一定有日食发生。对月食而言，如果望月在黄道和白道交点附近12°角左右的范围内，就可能发生月食；如果望月在黄道和白道交点附近10°角左右的范围内，则一定有月食发生。由于黄道和白道的交点有两个，这两个交点相距180°，所以，最常见的情况是一年中有两次日食和两次月食。

灾星传言

—— 探索彗星 ——

自古以来，人们都认为彗星是一颗不祥之星，只要它一出现，可怕的天灾人祸，如疾病、战争就会尾随而至。在我国，人们把彗星称为"扫把星"，用以专门讽刺那些成事不足败事有余、十分倒霉的人。难道彗星真是一颗灾星吗？其实彗星是无辜的，它只是一类形态和运动特点都比较特殊的天体，只是当时的科学还不能很好地认识它。

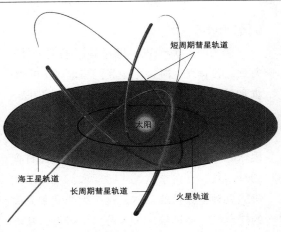

短周期彗星轨道

太阳

海王星轨道　　长周期彗星轨道　　火星轨道

彗星的轨道
绝大多数短周期彗星是顺向公转的（即跟行星公转方面相同），它们的轨道面相对于黄道面的倾角小于45°，也有少数逆向公转；而长周期彗星和非周期彗星的轨道面倾角是随机分布的，顺向、逆向公转的都有。

彗星的旅程

彗星是在扁长轨道上绕太阳运行的一种质量较小的云雾状小天体。彗星的轨道与行星不一样，有些呈极扁的椭圆形，有些甚至是抛物线或双曲线。轨道为椭圆的彗星能定期回到太阳身边，称为周期彗星。轨道为抛物线或双曲线的彗星称为非周期彗星，它们终生只能接近太阳一次，一旦离去，就永不复返。周期彗星又分为短周期（绕太阳公转的周期短于200年）和长周期（绕太阳公转的周期超过200年）彗星。当彗星受行星影响而加速时，它的轨道将变扁，甚至成为抛物线或双曲线，从而脱离太阳系；当彗星减速时，轨道的偏心率将变小，长周期彗星就变为短周期彗星，甚至从非周期彗星变成了周期彗星，从而被"捕获"。

气体彗尾

尘埃彗尾

彗星轨道

彗尾变化
彗尾在接近太阳时就会变大、变长。气体彗尾朝着和太阳相反的方向伸展，尘埃彗尾则会稍微弯曲。

太阳

彗星的模样
彗星的体形庞大，但其质量却小得可怜，就连大彗星的质量也不到地球的万分之一。彗星形态一般包括三个部分即彗核、彗发、彗尾。彗核与彗发合称为彗头，少数彗星不一定有彗尾。

带着明显双尾的海尔－波普彗星

1998年1月发射的收集彗星尘埃物质的"深空1号"探测器正向彗星驶去。

彗星的形态变化

一颗彗星在绕太阳公转的过程中，其亮度和形态将随它距离太阳的远近而发生变化。在远离太阳时，彗星只是个云雾状的小斑点。一般彗星在运行到距离太阳大约3个日地平均距离(约等于4.5亿千米)时才能从望远镜中看到。少数大的、明亮的彗星运行到土星附近时，就可以从大望远镜中观测到了。当彗星距离太阳3亿千米左右时，受太阳光和太阳风的作用，彗核物质"蒸发"并从头部抛出，形成彗发和彗尾。彗尾形状各异，有的还不止一条。彗尾一般总向背离太阳的方向延伸，且越靠近太阳就越长。

彗尾
彗尾的体积很大，大彗尾长度可达上亿千米，宽度从数千千米到2000多万千米不等。但彗尾的物质是相当稀薄的，其密度只有地面上空气的十亿亿分之一。彗尾有两种：长一点的、呈蓝色的直尾，由发光的气体组成，称气体彗尾（离子彗尾）；短一点的、呈黄色弯曲的彗尾，由尘埃组成，称尘埃彗尾。

彗发
彗发是包裹在彗核外围的云雾状物质，形状也近似球形。彗发的直径比彗核大得多，一般有几万千米，但它的质量却很小。彗发是由尘埃和一些分子、原子、离子组成的。各种成分在彗发中的分布情况不同，散射太阳光所发出的光谱也不同。

彗核
与整个彗星比起来，彗核很小，但它却集中了一颗彗星的绝大部分质量。彗核由凝结成冰的水、二氧化碳(干冰)、氢和尘埃微粒混杂组成，是个"脏雪球"，其平均密度为1克/厘米³。

哈雷彗星
哈雷彗星是人类第一个进行深入细致研究，并描述出运行轨迹的彗星。大约每隔76年，哈雷彗星便从太阳附近经过一次。

慢慢消逝的命运

彗星在宇宙里的存在期不像一般星体那样久远。彗星每绕太阳一周，构成彗核的尘埃、冰冻团块就要损失掉一部分(大约损失千分之一)，因为彗发上的气体全被吹走了。因此，彗星也是有"寿命"的，它们的寿命长短取决于其运转周期，周期越长，寿命就越长。当彗星的寿命要结束时，彗核中的气体和尘埃都已失去，彗核变得非常松散，这时它极容易破碎，造成整体的瓦解。彗核瓦解崩溃后，一部分物质在太阳系中形成流星群，有的则可能成为很小的小行星。

地球的身世之谜

探索地球的形成

46亿年前

在 17世纪以前，大多数欧洲的基督徒们都非常相信创世说的故事。《圣经》中说世界是在六日之内造出的。后来，大主教乌舍尔又以《圣经》的年代为参照，估测出世界是在公元前4004年被创造出来的。18世纪后期工业革命兴起后，采矿专家维尔纳发现了岩石分层分布的特点。维尔纳的发现引起了地质学家的兴趣，他们开始改变原先的思考方法，通过解读地球表面的岩石来追溯时间的旅程。时值今日，地质学家仍旧进行着这样的工作，他们寻找着与地球的形成、发展有关的线索和证据，以此来解开地球的身世之谜。

地球的起源之说

有关地球起源的问题自18世纪中叶以来就一直众说纷纭。过去科学家们认为包括地球、水星、金星、火星在内的石质行星，都是由一块尘埃云在快速旋转的引力作用下坍缩而形成的。但在20世纪70年代，人类登月之后的有关研究结果改变了这种观点。研究发现，月球上数量众多的月坑形成于46亿年前，它们是由大量天体撞击而形成的，但后来撞击的次数就少多了。这一研究结果使有关天体形成的吸积理论恢复了活力。该理论认为，宇宙尘团聚在一起成为颗粒，颗粒变成砾石，砾石变成小球，然后小球逐渐变大，成为微行星(即星子)，最后，微行星终于发展到月球那样的大小。随着星体越变越大，星际间的尘埃砾石数目大为减少。结果，星体(即陨石)之间碰撞的机会就减少了，能够用于吸积的东西也越来越少，这意味着大行星开始集结了。地球与其他星体一样，经过了这段漫长的集结过程后才成为了一颗大行星。

地球内部变热，不久，容易熔融的部分开始逐渐熔解。

地球内部发生热熔化。

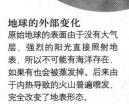

地球的外部变化
原始地球的表面由于没有大气层，强烈的阳光直接照射地表，所以不可能有海洋存在，如果有也会被蒸发掉。后来由于内热导致的火山普遍喷发，完全改变了地表形态。

地球内部的变化
地球形成之前是一个大火球，后来随着气温的频繁变化，内部温度降下来，质量较重的物质相继下沉到地下，而较轻的物质则浮在地表。

铁和镍等重元素开始在地心周围沉积。轻元素熔入岩浆，浮在地球表面以下的较浅处。

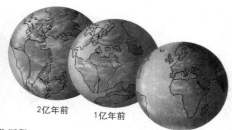

2亿年前　　　　　1亿年前

现在

地球的形成演化历程

原始地球的变化

　　刚诞生的地球没有海，也没有空气，更没有生物存在，是一个凄凉寂静的星球。但这个原始地球是炙热的，内部的高温导致熔融的流动性熔岩(即岩浆)顺着裂缝喷出地表，与熔岩一起储存于地球内部的气体和水蒸气，也一起喷出地表。这些气体逐渐聚积，在地表附近形成原始大气。水蒸气来到地表后，一部分停留在地面岩石的低洼处，一部分上升到天空成为云彩。不久因地球温度降低，水蒸气变成雨，由天空降至地面，雨水溶解岩石的成分，最后逐渐聚集扩大而成形为海。随着生命的出现，大气中开始出现氧气。氧气的出现不仅影响到了生命的进化，而且改造着陆地、海洋和大气，使之逐渐变成现在的样子。

地球的年龄

　　地球上已知最古老的岩石发现于澳大利亚西南部，根据其中所含矿物(锆石)的形成年龄测定，证明其已有41亿~42亿年的历史。根据地质学研究，这种岩石和矿物只能来自地壳的硅铝质部分。所以科学家据此做出推论，地球的圈层分异在距今42亿年前就已经完成。由于42亿年之前的历史没有留下岩石记录，因此我们只能根据间接证据去推断地球的起源以及早期的演化历史。由于科学家已经测出月球和许多陨石的年龄达46亿年，所以推测地球也形成于46亿年前。

重的地核在地球中心形成。地表冷却，大陆地壳开始形成，内部构造已经很接近现在的地球。

向地心沉积的铁、镍等开始形成地核，轻质的岩浆则浮在较上方。

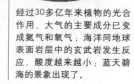

经过30多亿年来植物的光合作用，大气的主要成分已变成氮气和氧气；海洋同地球表面岩石中的玄武岩发生反应，酸度越来越小；蓝天碧海的景象出现了。

熔岩在喷发过程中带出大量火山灰和氮气、水蒸气、二氧化碳、甲烷等气体，使天空显得黑压压的。随着气温的下降，大量水蒸气变成降水落到地面的洼地上。随着降水量增大，原始的酸热海洋形成了。

原始海洋中的各种物质不断地相互作用，经过极其漫长的岁月，逐渐形成了原始的生命。原始生命经过进化发展后，种类变得丰富，数量也大为增多。与此同时，地球的气候也变得温暖湿润了。

致命的颤动

探索地震

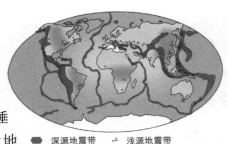

1995年1月17日日本时间清晨5点46分，东方刚刚破晓，大部分的日本人还在睡梦中。突然伴随着一阵蓝光闪动，关西大地传来了一种可怕的吼声，大地随之剧烈地晃动起来，几万栋房屋顷刻化成废墟。地震引起的火灾将神户市上空映得通红，整座城市笼罩在一片恐怖之中。这次地震共造成5466人死亡，3万多人受伤，几十万人无家可归，受害人数达140多万人，造成的经济损失达1000亿美元。破坏如此巨大的地震是怎样形成的呢？

深源地震带　　浅源地震带

全球地震带分布
全球主要有三个地震带：环太平洋地震带，是地震活动最为强烈的地带，全球约80％的地震都发生在这里；欧亚地震带，亦称地中海－喜马拉雅地震带，跨欧、亚、非三大洲，其地震发生频率占全球地震总量的15％；海岭地震带，主要分布在太平洋、大西洋、印度洋中的海底山脉，比前两个地震带小。

地震探测
科学家可以通过各种非常先进的灵敏仪器，监测全世界地震频繁的地区。仪器测出全球每年有60多万次地震，大多数地震都发生在大洋地壳或少有人烟的地方。除了使用仪器外，科学家们通过监测动物的行为也能发现地震即将发生的蛛丝马迹。例如，1975年我国辽宁省海城县出现了鸡、蛇、青蛙和狗焦躁不安的现象，仪器也记录到该地区北部会有轻微地震。于是有关部门指挥100多万人迅速撤离该地区。当天傍晚，那个地区果然发生了强烈地震。

卫星监测
科学家通过激光束在地球与卫星之间的反复运动，来测量大规模的岩石运动。

监测岩石运动的射电望远镜
射电望远镜用巨大的卫星天线接收太空的无线电波，并把无线电波到达地球的时间作为测量岩石运动的参考点。

断层线

长基线测斜器
这个地面测斜器有10米多长，两端各有一个盛着水的容器，水位变化表示地面倾斜度发生了变化

应变仪
这种仪器放置在地下的断层线上，用于测量岩石的轻微变化或运动。

地震仪
安放在特定部位的地震仪用于探测和记录地壳的任何轻微颤动。

钻洞测斜器
科学家在地下钻出约100米的洞，放置钻洞测斜器，用来测量地面的倾斜变化。

地震是怎样发生的

地震往往发生于地壳板块边缘容易产生断层的地方。由于地壳物质的不断运动，板块之间产生相对运动，它们或相互倾轧，或相向而行。当大板块相撞时，岩石层受到内应力的作用，产生巨大的能量。能量一旦超过岩石所能承受的最大极限时，就会使岩石在一瞬间发生断裂，或者使原来已经存在的断裂突然活动，释放出大量能量。一部分能量传到地表，就形成了地震。

震中
震源上方正对着的地面称为震中。震中及其附近的地方称为震中区，也称极震区。震中到地面上任一点的距离叫震中距离（简称震中距）。震中距在100千米以内的地震称为地方震；在1000千米以内的地震称为近震；大于1000千米的地震称为远震。

地震波
震源处的能量通过地震波以同心圆的形式传到地表。地震波主要包括纵波和横波。振动方向与传播方向一致的波为纵波，它能引起地面上下颠簸振动；振动方向与传播方向垂直的波为横波，它能引起地面的水平晃动。横波是地震时造成建筑物被破坏的主要原因。

震源
震源是地球内部发生地震的地方。震源有深有浅，浅源地震的震源深度在地下0~70千米，中源地震的震源深度在地下70~300千米，深源地震的震源深度在地下300千米以下。

震级
人们根据地震时所释放的能量大小，把地震分成不同的等级，这些等级就叫做震级。地震释放出的能量越大，震级就越高，危害也就越大。3级以下的地震叫微震，一般人觉觉不到，不会造成危害；3~5级的地震是弱震，人们可以觉觉到，但造成的危害较小；5~7级的地震是强震，会造成较大的破坏；7级以上的大地震可以使房屋倒塌，山崩地裂，给人类带来巨大的灾难。右图为1964年发生在美国阿拉斯加的里氏9.2级地震造成的破坏情景。

地震卡车
地震卡车用大块金属板强烈敲击地面，产生一系列小冲击波。附近有一辆记录卡车监测这些冲击波。科学家们借此测定地球内部的各个岩层。

海啸

如果地震发生在海底，剧烈的震动就会激起海浪；越来越大的海浪最终会形成致命的海啸。它能以高达800千米/小时的速度穿越海洋数千米米。巨浪逼近海岸线时，由于海底陡然隆起，波底遇到阻碍，巨浪被迫停了下来，高耸的水壁以雷霆万钧之势冲上陆地。强劲的海浪猛烈拍击海堤，淹没海岸，在沿海地区造成巨大的财产损失和人员伤亡。

如何预防地震

为了预防地震中的建筑物倒塌和人员伤亡，在地震多发地区建设房屋时，必须采取防震措施。许多现代建筑都建在钢筋混凝土结构的特殊基础上，在冲击波通过时能屹立不倒。对于已经建成的建筑物，可采用交叉支撑墙壁、楼板、屋顶的方法，使之能更好地承受来自四面八方的冲击。房屋中的家具等要固定在墙壁上。生活在地震频发区的人们还要经常进行地震演习，掌握在地震中的生存技能，把地震可能带来的损失降到最低。

夏威夷

震中

急速而来的海啸
1960年5月，智利中南部的海底地震引起了巨大的海啸。海啸波横扫了西太平洋岛屿，仅仅14个小时就到达了美国的夏威夷群岛；不到24个小时，海啸波走完了大约1.7万千米的路程，到达了太平洋彼岸的日本列岛。最近又有一次海啸灾难重演。2004年12月26日，印度尼西亚苏门答腊岛以北海域发生8.5级强烈地震，引发海啸，东南亚和南亚数个国家受到波及，造成重大人员伤亡。

来自地下的灾难之火

—— 探索火山活动 ——

激烈式喷发
火山喷发时产生猛烈的爆炸现象,同时喷出大量的气体和火山碎屑物,造成重大灾害。

公元79年,意大利维苏威火山喷发,火山灰掩埋了庞贝、赫库兰尼姆和史达比三座城市。1883年5月至8月,印度尼西亚的喀拉喀托火山连续喷发,在山上炸开了一个深达300米的大坑,150千米以外都尘土飞扬,雅加达上空几乎一片黑暗;大量火山灰飘入几万米高空,悬浮达数月之久。1980年,美国圣海伦斯火山在沉睡了123年之后突然喷发,造成63人死亡,浓密的火山烟直冲云霄,其威力相当于引爆一颗3000万吨级的氢弹。2001年夏,意大利的又一座火山——埃特纳火山喷发,浓烟和火山灰溅到空中高达几千米,山边的居民纷纷背井离乡躲避灾祸。这一幕幕真实的场景,就是火山爆发带给人类的巨大创伤。

中间式喷发
介于宁静式和激烈式之间的过渡型,威力不大,通常发生小型连续的喷发。

宁静式喷发
火山喷发时,只有大量炽热的熔岩从火山口宁静而缓慢地溢出,喷发物含气体较少,无爆炸现象。

裂隙式喷发
裂隙式喷发多见于大洋中脊处,喷发时玄武岩质岩浆沿着垂直的巨大断裂层或裂隙冲出。

火山爆发

在地球深处的某些地方,有温度在1000℃以上处于熔融状态的岩石,我们称之为岩浆,它们来自地幔的软流层内。因液态岩浆的密度比周围固态物的密度要小,所以它会沿着地壳裂隙向上渗透。当岩浆渗向地表时,压力逐渐变小,溶解的气体不断析出,产生大量气泡。一旦遇到地表破碎带,这些气体就会与岩浆一起喷发出来,形成壮观的火山喷发景象。

住在火山附近

在一些火山活动地区,尽管火山频频爆发,但仍有人愿意冒着生命危险在火山的虎口底下居住。这是因为火山喷出的火山灰是极好的天然肥料,含有磷、钾等多种农作物所需的养分,能把不毛之地滋润成沃土。农民在火山坡上种植庄稼,放牧牛羊。在印度尼西亚,居住在活火山岛屿上的居民比居住在无活火山岛屿上的居民要多。在冰岛,居民依赖岛上众多火山的能量提供热和电力。在维苏威火山口下,意大利人还建了几家大型化工厂,利用火山喷出的气体制造硼酸、氨水、磷酸化合物等天然化学肥料。

火山脚下的沃土孕育出一个欣欣向荣的植物园。

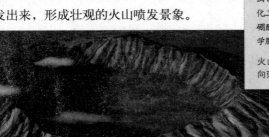

破火山口形成
巨大的火山喷发可将火山口和岩浆室掏空,于是山体就成了一个空壳,因失去支撑而向下塌陷。火山口下塌后留下的大洞就是破火山口。

火山活动区

火山活动一般发生在板块交接的地方或其附近，这些区域大致可划分为三种类型。板块扩张带：太平洋中脊带、大西洋中脊带及印度洋中脊带的火山均属于此带。板块隐没带：环太平洋带及地中海带的火山均发生在此附近。热点（由软流层涌起并穿透岩石圈而形成的热地幔物质柱状体在地表或洋底的出露区域）：位于地幔上部，在此可生成岩浆。当板块做水平移动时，热点上便有火山生成。这样的过程若连续发生则会生成一系列的火山，而火山离热点越远其形成年代越早。夏威夷火山群岛就是在热点上形成的。

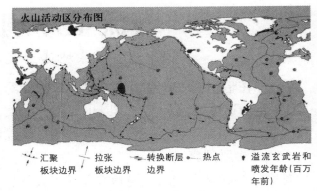

火山活动区分布图

⤬ 汇聚板块边界　　⟋ 拉张板块边界　　⟍ 转换断层边界　　● 热点　　◆ 溢流玄武岩和喷发年龄（百万年前）

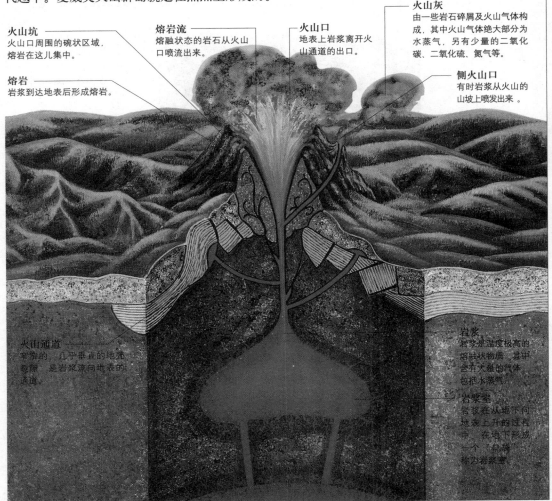

火山坑
火山口周围的碗状区域，熔岩在这儿集中。

熔岩
岩浆到达地表后形成熔岩。

熔岩流
熔融状态的岩石从火山口喷流出来。

火山口
地表上岩浆离开火山通道的出口。

火山灰
由一些岩石碎屑及火山气体构成，其中火山气体绝大部分为水蒸气，另有少量的二氧化碳、二氧化硫、氮气等。

侧火山口
有时岩浆从火山的山坡上喷发出来。

火山通道
窄窄的、几乎垂直的地壳裂隙，是岩浆流向地表的通道。

岩浆
岩浆是温度极高的熔融状物质，其中含有大量的气体包括水蒸气。

岩浆室
岩浆在从地下向地表上升的过程中，在地下形成一个囊，称为岩浆室。

与流星擦肩而过

———— 探索地球大气层 ————

当你在晴朗的夜晚观看星空时，有时会看见一道明亮的光线急速地划破夜空，这就是流星。之所以出现这种现象，是因为在我们居住的地球外层有一层厚厚的大气存在，当星际空间里的尘粒和小星体闯入地球大气后，就会与大气产生剧烈摩擦，形成燃烧发光的现象。太空船在返回地球时也要与大气接触摩擦。如果太空船以锐角方向进入大气层，就会被反弹回太空；当入射角接近90°时，太空船会与飘浮着的气体分子产生剧烈摩擦，几秒钟内船体就会化为灰烬；只有当太空船以相对于大气层$-6.2\pm1°$的临界角进入大气层，才能避免被毁或返回不了的命运。这层给地球加上保护的气体到底是什么呢？

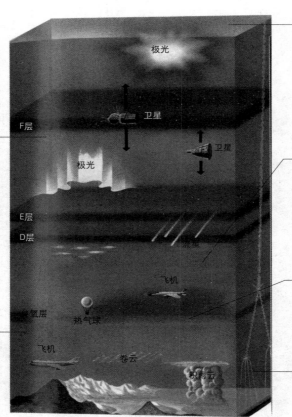

大气层结构

外逸层
热层之上就是外逸层，它与星际空间之间没有明显的分界，属于从地球大气层进入宇宙太空的过渡区域。

热层
热层在中间层上，其上界可达800～1000千米。由于热层吸收了许多太阳辐射，所以大气温度随高度增加而急剧上升。热层中有D层、E层和F层等电离层，其中E层和层具有反射电磁波的性质。

中间层
从离地55千米到离地约80千米间的大气层为中间层。在这一层，温度随高度的增加而迅速降低，并且层内大气又开始发生垂直对流运动。

平流层
从对流层顶到离地约55千米的部分，称为平流层。平流层中的水汽和灰尘的含量很少，空气上下扰动变得极为微弱。

臭氧层
在平流层中20～30千米之间的区域中有一片臭氧含量极高的臭氧层。大气中的臭氧主要集中在臭氧层，在近地表层的含量很少。

对流层
对流层内空气会上下对流，各种云、雨、雪、飓风等天气现象都发生在此层。

（图中标注：极光、卫星、F层、极光、E层、D层、流星、飞机、臭氧层、热气球、飞机、卷云、积雨云）

大气压变化
大气受地心引力的吸引而向下沉，因此有向下压的力量，由此形成大气压。大气压一般随高度升高而递减。

大气温度变化
由于太阳辐射在大气各层中的吸收情况不同，造成垂直方向上的气温变化差异很大。从对流层到中间层气温呈下降趋势，但到了热层有了很大的回升。

大气层结构

我们生活在包围地球的多层大气之中。大气层的边界很难确定，一般认为其厚度约为3000千米。大气物质由于受地心引力的作用，主要集中在下部，其中50%的气体聚集在离地面5千米以下的区域。大气在垂直方向上的物理性质是有显著差异的。根据温度、大气成分、电荷等物理性质，同时考虑到大气在垂直方向上的运动情况，

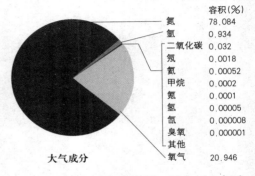

	容积（%）
氮	78.084
氩	0.934
二氧化碳	0.032
氖	0.0018
氦	0.00052
甲烷	0.0002
氪	0.0001
氢	0.00005
氙	0.000008
臭氧	0.000001
其他	
氧气	20.946

大气成分

可从下到上依次将大气分为五层：对流层、平流层、中间层、热层和外逸层。层与层之间有些有明显的界限或过渡层。大气没有外边缘，只是向外逐渐变薄，直到真空。

温室效应

温室效应指大气层使星球变暖的效应，目前主要指使温室效应加强而造成全球变暖的效应。太阳光射到地球上，部分能量被大气吸收，部分被反射回宇宙，大部分被地球表面吸收。晚上地球表面以红外线的方式向宇宙散发热量，其中也有部分被大气吸收。大气层如同覆盖温室的玻璃，保存了一定的热量。在大气层中，吸收热量的主要成分是水蒸气、二氧化碳、甲烷等，它们被称为温室气体。如果大气层中温室气体的含量增加，地球的总体温度就会上升，两极的冰层会加速融化，造成海平面上升，从而淹没沿海低海拔地区。

大气层存在的意义

地球表面为一层大气所包围。这层大气既为生命所必需，又为地面生物提供了良好的保护，并且使地球上各式各样的天气现象得以产生。如果没有大气，来自太空的陨石将像超级炮弹一样，将地面上的一切事物毁坏殆尽。大气层还吸纳着生命必需的氧气、水汽，防止地球被阳光烤干。高层大气对来自太空的电磁波有良好的屏蔽作用，否则过量的电磁波将危害人和动物的健康。

探究臭氧层

在地球史的前半段，自由氧只以微量气体的形式存在。后来，在海里首先出现了原始植物，它们将氧气作为其新陈代谢的产物排放到大气层中。而后，紫外线辐射将一部分双原子的氧分子打散成单个的氧原子，氧原子随即又在化学反应中与氧分子结合，形成有三个原子的氧分子，即臭氧。臭氧对紫外线具有很强的吸收能力，并在吸收过程中，再次分裂成一个单原子的氧和一个双原子的氧。后来臭氧的新生与分裂开始不间断地反复循环起来，结果使地面上的紫外线辐射强度一再减弱。生物也由此逐渐从海里走向陆地，并产生了更多的氧。在氧的积累过程中，大气层中的臭氧浓度也相应增加，臭氧层出现了。

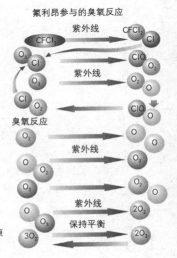

氟利昂参与的臭氧反应

臭氧层破坏
由于人类活动排放的大量氟利昂（烃与氯、氟化合生成的化合物）到了臭氧层后就会破坏原来的平衡反应，使臭氧含量减少，天空中出现臭氧洞，导致地面上的紫外线辐射增强。

"晴天霹雳"是怎么回事

───── 探索雷电的产生 ─────

电闪雷鸣是很普通的自然现象。一般情况下，雷电出现在乌云密布的天气里。然而令人不可思议的是，有时即使天上没有云，雷电依然会出现。雷声阵阵，响彻在晴朗的天空下，一道淡金色的光影从天而降，直扑地面上的人或物，形成所谓的"晴天霹雳"。很长一段时间，人们都无法理解这一现象，认为这是上天给予作恶人的惩罚，让他遭受莫名的电闪雷劈的报应。"晴天霹雳"真的有传说中的那么神秘可怕吗？

雷电本质

当天空乌云密布，雷雨云迅猛发展时，突然一道夺目的闪光划破长空，接着传来震耳欲聋的巨响，这就是闪电和打雷，亦称雷电。雷属于大气声学现象，是大气中小区域强烈爆炸产生的冲击波形成的声波；闪电是大气中发生的火花放电现象。"晴天霹雳"则是对于那些未达到地面的横行闪电而言的。它们会从发源地延伸到数千米以外，使晴朗无云的地方也出现电闪雷鸣。

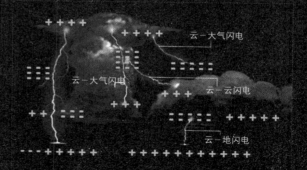

线状闪电

云－大气闪电

云－大气闪电

云－云闪电

云－地闪电

闪电的发生方位
闪电可在云内、云与云间、云与地面间产生，其中云内、云与云间闪电占大部分，而云与地面间的闪电仅占1/6，却对人类危害最大

奇形怪状的闪电

闪电通常是在有雷雨云时出现，偶尔也在雷暴、雨层云、尘暴、火山爆发时出现。闪电最常见的形状是线状，偶尔也会出现带状、叉状、链状、球状等。曲折开叉的普通闪电称为线状闪电。线状闪电的通道好像被风吹向两边，以致看来有几条平行的闪电。闪电的两枝如果看来同时到达地面，则称其为叉状闪电。闪电在云中阴阳电荷之间闪烁，而使全地区的天空一片光亮时，便是片状闪电。链状闪电色彩绚丽，有时也会出现串串珍珠似的闪电，奇特壮观。最神秘的要数球状闪电了，它像一个大火球，有时在空中运动，有时在地上乱窜，有时会袭击人的身体，有时会闯入室内。

各种不同的雷声

如果我们仔细倾听雷声，会发现它也有很多种。一种是清脆响亮，像爆炸声一样的雷声，叫"炸雷"；另一种是沉闷的轰隆声，是"闷雷"；还有一种是低沉而经久不绝的隆隆声，有点儿像推磨时发出的声响，人们常把它叫做"拉磨雷"，实际上这也是一种闷雷。炸雷一般是距观测者很近的云对地闪电所发出的声音。如果发生的是云中闪电，雷声在云里面多次反射，在爆炸波分解时，又产生许多频率不同的声波，它们互相干扰，使人们听起来感到声音沉闷，这就是我们听到的闷雷。闷雷的时间拖长就成了拉磨雷。

带状闪电

片状闪电

链状闪电

闪电的发生
当天空中出现浓厚的雷雨云时，云内部强大的空气流使冰和水分子碰撞在一起，产生了静电荷。当静电荷被释放时，人们就看到了闪电。

雷雨云
人们通常把发生闪电的云称为雷雨云，其实有几种云都与闪电有关，如层积云、雨层云、积云、积雨云，其中最重要的是积雨云。

气流对流
雷雨云在形成过程中，气流呈强烈的垂直对流状态。上升气流将水汽凝结而出现雾滴，就形成了云。在强对流过程中，云中的雾滴进一步降温，变成过冷水滴、冰晶或雪花，并随高度增加而逐渐增多。

倾听雷声
我们通常都是在打闪之后听到雷声，这是因为声音比光的传播速度要慢得多。一般闪电大约持续不到1秒钟，但轰鸣的雷声则可长达10秒钟。

正电荷积聚
雷雨云在形成过程中，较轻的冰晶粒子上升最快，在上升过程中它们之间相互碰撞摩擦，成为正离子，升至云层的高处。

负电荷积聚
较重的冰晶粒子在气流运动过程中成为负离子，占据着云层的下部。

闪电的能量
闪电平均最高电流约3万安培，但是一些超级闪电可达30万安培。据估算，在闪电中心的空气温度有30000℃。闪电巨大的能量能把大多数金属烧出一个洞，甚至还可将地下的沙质土壤熔化，形成一种特殊的被称为闪电熔岩的岩石。

放电
当正负电荷积聚到一定程度，就会在云与云之间或云与地之间放电。这就好像两根高压电极在靠近到一定的距离时，在它们之间就会出现电火花，形成所谓的"弧光放电"现象。与弧光放电不同的是，闪电是转瞬即近，而电极之间的火花却可以长时间存在。

雷击
雷电放电时，在附近导体上产生的静电感应和电磁感应能使金属部件之间产生火花。雷电波还可能沿着这些管线侵入屋内，危及人身安全或损坏设备。

天降奇物之谜

探索龙卷风

龙卷风来时会卷起大量破坏物的碎片。

刮风和下雨本来极为寻常，但有些风和雨确实很奇异。1608年，法国的一个小城中降了一次罕见的雨，雨的颜色是血红的，全城随处可见鲜血般的雨点。1940年的夏天，在苏联高尔基地区的一个村庄，伴随着电闪雷鸣、急风暴雨，突然从天上降下无数的银币。1949年，在新西兰沿岸地区下过一场"鱼雨"，几千条鱼伴着暴雨同时由天而降，撒满大地。1960年3月1日，法国南部的土伦地区竟从天空中降落下无数只青蛙。此外天降"龙虾雨""海蜇雨"以及杏黄色、金黄色、翠绿色等五颜六色的雨的报道也屡见不鲜。这些看来不可思议的现象，其实都是龙卷风的恶作剧。

龙卷风来了

盛夏雷暴的日子里，在一片乌云的底部，有时会伸出一个漏斗状的云柱，它或挂在半空，或延伸到地面，而且一边快速旋转，一边向前移动，这就是可怕的龙卷风。龙卷风其实是一种空气涡旋，空气绕龙卷的轴快速旋转，受龙卷中心极低气压的吸引控制。在近地面几十米的薄层空气内，气流从四面八方流向涡旋的底部，并随即变为绕轴心向上的涡流。龙卷中的风总是气旋性的，其中心的气压可能比周围气压低10%。龙卷风按形成地点一般可分为陆龙卷、水龙卷和火龙卷。发生在水面上的龙卷风称为"水龙卷"；若发生在陆上，则称为"陆龙卷"；当火山爆发和大火灾发生时，会有烟火夹杂的龙卷风，即"火龙卷"产生。

火山爆发时的喷出物造成了气流剧烈的扰动，火龙卷出现。

龙卷风形成
龙卷风是云层中雷暴的产物。具体地说，龙卷风就是雷暴巨大能量中的一小部分在很小的区域内集中释放的一种形式。

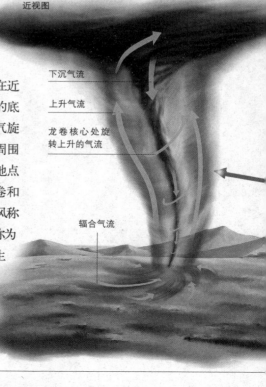

近视图

下沉气流

上升气流

龙卷核心处旋转上升的气流

辐合气流

成因分析

龙卷风的形成条件复杂多样，在气旋、台风等情况下都有可能生成，有时在晴朗的天气里也会突然出现。另外，大地震、火山爆发、大火灾也有可能引发龙卷风。龙卷风多发生在高温、高湿的不稳定气团中，那里空气扰动非常厉害，上下温度相差悬殊。当地面上的温度约为30℃时，在4千米高空处的温度仅为0℃左右，到8千米高空时温度已降至－30℃。这种温度差使冷空气急剧下降，热空气迅速上升，上下层空气对流速度过快，从而形成许多在空中做旋转滚动的小漩涡。这些小漩涡逐渐扩大，形成大漩涡，成为袭击地面或海洋的风害。不过，至今人们都没有完全掌握龙卷风的规律，不能做出准确预报。

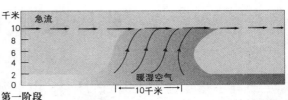

第一阶段
大气的不稳定性产生强烈的上升气流。由于急流中的最大过境气流的影响，上升气流被进一步加强。

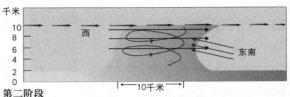

第二阶段
由于与在垂直方向上速度和方向均有切变的风相互作用，上升气流在对流层的中部开始旋转，形成中尺度气旋。

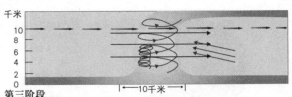

第三阶段
随着中尺度气旋向地面发展和向上伸展，气旋本身变细并增强，同时，初生的龙卷在气旋内部形成。上述过程进一步加强后形成龙卷核心。

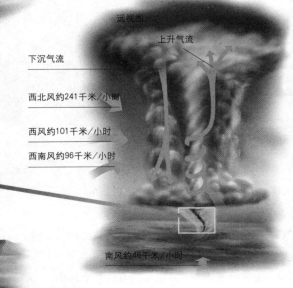

远视图
上升气流
下沉气流
西北风约241千米/小时
西风约101千米/小时
西南风约96千米/小时
南风约48千米/小时

第四阶段
龙卷核心中的气流旋转与气旋不同，其强度足以使龙卷从天空伸展到地面。当发展的涡旋到达地面时，地面气压急剧下降，地面风速骤然上升，形成能快速移动的龙卷风。

龙卷风破坏
龙卷风过境时可将树木拔起或推倒，其巨大的威力会对所经过的地区造成极大的破坏。

龙卷风易发区

在地球上，平原是龙卷风最常出现的地方。全球平均每年发生近千个龙卷风，其中大概有一半发生在美国。世界上的其他地区也经历过龙卷风。印度东部和孟加拉国，也就是喜马拉雅山脉接近印度洋的地区，尤其容易发生猛烈的龙卷风。世界上最致命的龙卷风于1989年4月26日在孟加拉的达卡附近酿成，它夺走了1300人的生命。每年龙卷风都被报道在北美、欧洲、俄罗斯、中国东部平原以及澳大利亚的东部和西部边缘等地出现。而寒带和赤道附近地区则几乎从未有龙卷风出现。

揭开海底的秘密

探索海底世界

海洋占据了地球表面积的3/4。由于海水覆盖，海底的情况一直不被人们所了解，直到1920年回声测距法被用来探测海底深度以后，海底地形的探勘工作才有了重大的进展。第二次世界大战末期，美国的海斯教授对从回声探测仪测到的海底剖面数据进行分析，发现海底有许多平顶山。1973年，一艘日本船在约2千米深的海底采集到了陆地上常见的花岗岩。后来，海底"雪山"和洋底热泉也陆续被发现。随着人们对海底研究的深入，海底的面貌逐渐被勾画出来——那是一个与陆地很像的世界。

平顶海山
又称"海坪"。海山露出海面的部分经海浪的侵蚀，山顶变平坦，后来由于海面上升或海山下沉，就出现了平顶海山。

环礁
在热带海域，火山岛四周的水域有珊瑚礁出现。随着火山岛的渐渐下沉和消亡，加上珊瑚礁的不断增大增高，环礁就出现了。

海隆
大洋中还散布着外形呈等轴状的、宽缓的海底高地——海隆，如百慕大海隆。海隆由熔岩堆积形成，其四周为陡坡。

大洋盆地
大洋盆地是指介于大洋中脊和大陆边缘之间的深海海区。太平洋和大西洋的大洋盆地被大洋中脊一分为二，成为两个大洋盆地，而印度洋则被三叉形的大洋中脊分为三个大洋盆地。

大陆架
大陆架是指大陆边缘在海面以下的延伸部分，一般深度为0~200米，由河流挟带来的沙质沉积物所覆盖。

大洋中脊
大洋中脊是指狭长绵延的洋底高地，是地壳厚度最薄、岩石年龄最轻、岩石圈板块不断生长的地方。在大西洋、印度洋、太平洋、北冰洋内均有连续延伸的大洋中脊。

大陆坡
大陆坡是大陆架以外到深海盆地处坡度陡急的过渡带。

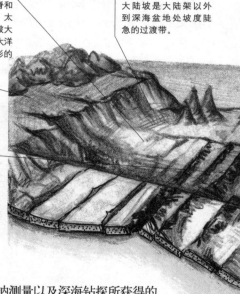

海底地形

海底测深、声呐测量以及深海钻探所获得的洋底地形数据显示，整个洋底地形大多是构造地形和火山地形。洋底并不平坦，高低之差大于大陆。连绵的火山链高高地矗立于大陆架之间的洋底上，只有极少数的水下山脉如冰岛和亚速尔群岛会矗立在水面之上。在一些大洋中，来自地幔层和外地核交界处的炽热岩浆以管流（即地幔柱）的形式穿破地幔层，形成地点固定的"热泉"。漂移至"热泉"上方的地壳板块在此不断地生成新火山。

海底扩张

大洋中脊轴部裂谷带是地幔物质涌升的出口，从这里涌出的地幔物质冷凝形成新洋底，新洋底同时推动先期形成的较老洋底逐渐向两侧扩展推移，这就是海底扩张。海底扩展移动的速度大约为每年几厘米。海底扩张在不同的大洋有不同的表现形式：一种是扩张着的洋底把与其相邻接的大陆向两侧推开，随着新洋底的不断生成，两侧大陆间的距离随之变大。大西洋及其两侧大陆就属于这种形式。另一种是洋底扩展移动到一定程度便向下俯冲潜没，重新回到地幔中去，相邻大陆逆掩于俯冲带上。太平洋就是这种情况。大约经过2亿年，洋底便可更新一遍。

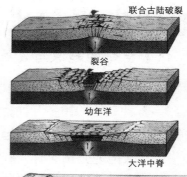

联合古陆破裂

裂谷

幼年洋

大洋中脊

海底形成
1962年，美国学者赫斯提出的海底扩张学说很好地解释了大陆漂移现象，海底也是在这一扩张过程中慢慢形成的。

陆壳　　　洋壳

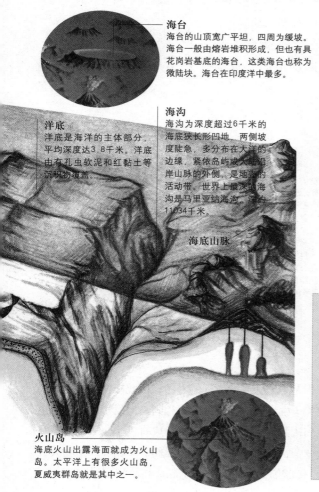

海台
海台的山顶宽广平坦，四周为缓坡。海台一般由熔岩堆积形成，但也有具花岗岩基底的海台，这类海台也称为微陆块。海台在印度洋中最多。

洋底
洋底是海洋的主体部分，平均深度达3.8千米。洋底由有孔虫软泥和红黏土等沉积物覆盖。

海沟
海沟为深度超过6千米的海底狭长形凹地，两侧坡度陡峭，多分布在大洋的边缘，紧依岛屿或大陆沿岸山脉的外侧，是地壳的活动带。世界上最深的海沟是马里亚纳海沟，深约11034千米。

海底山脉

火山岛
海底火山出露海面就成为火山岛。太平洋上有很多火山岛，夏威夷群岛就是其中之一。

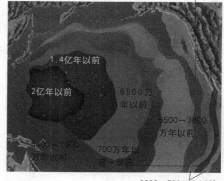

3800～2600万年前

1.4亿年以前

2亿年以前

6500万年以前

5500～3800万年以前

5400～2600万年以前

700万年以前～现在

2600～700万年以前

海底岩石的年代
调查海底岩石的年代，可发现年代愈新的岩石，愈靠近海底山脉；反之，愈古老的岩石，则愈远离海底山脉。此图标出了太平洋海底岩石的年代。

海底新矿藏——可燃冰

海洋是个大宝藏，储存的各种矿物约500亿吨，其中有丰富的石油、天然气、矿物等能源，还有一种未来的清洁能源——可燃冰。这种可以用火柴点燃、像蜡烛一样燃烧的可燃冰的主要成分是水合甲烷，它大量沉积在大陆架边缘。这些海底的甲烷来自于海底厌氧微生物的新陈代谢，或者是海底火山的产物。在海底的巨大压力下，甲烷分子与水分子聚合成水合甲烷。初步证据表明，可燃冰的储备量很可能超过了石油、煤炭和天然气的总和。现在，人类在技术上还无法实现可燃冰的大规模开采。相信在不久的将来，可燃冰将成为海底能源开发的主要方向之一。

"地球尖叫起来了"

—— 探索生命的起源与发展 ——

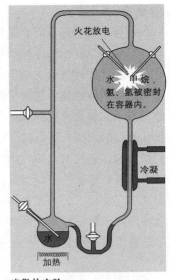

米勒的实验

1953年，美国生物化学家米勒进行了一个大胆的实验。他模拟原始地球条件进行实验，结果真的得到了氨基酸。实验说明，在一定条件下，原始地球上的无机物能够转变为有机物。

我们生活的地球除了有岩石、水和空气外，还生活着150多万种动物和30多万种植物。英国作家柯南道尔曾写过一个名为《地球尖叫起来》的故事，说的是当一些科学家把地壳钻穿时，碰到了一种软乎乎的东西，再钻下去时，地球就尖叫着颤动起来，原来地球也是有生命的。今天我们知道这并不完全是无稽之谈。在几米深的地下，生活着大量的蠕虫、昆虫和鼠类。最近科学家在美国阿拉斯加万年冻土的400米深处发现了一些原始微生物，并发现在离地面33千米的高空还蛰伏着一些细菌和孢子……这些生命体是伴随着地球的成长发展演化而来的，地球也由此从最初的无生命状态转变成今天的模样。

40亿年前的地球，生命的前物质在海洋里聚积。

生物的多样化进程

化石记录表明在最近6亿年里存活过的生物已经变得多样化，但是增加的速率在不同时期有很大变化，生物"科"的数量在再次增长之前会突然减少，即出现所谓的大绝灭事件。

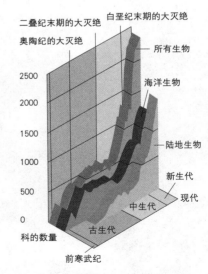

生命的诞生

人们普遍认为，生命起源于原始海洋。但是也有人提出不同的看法，因此出现了陆地起源说、宇宙外来说、深海烟囱起源说等。虽然关于生命起源的说法各不相同，但科学家对产生生命的化学进化过程的认识基本是一致的。他们认为，生命是从无机物合成有机小分子，如氨基酸、核苷酸等；再由有机小分子合成生物大分子，如蛋白质、核酸、类脂、多糖等；生物大分子在原始海洋中长期相互作用而构成蛋白质、核酸等多分子体系，进而演化成为原始生命。

生命形式复杂化

　　自从原始生命出现后，地球便进入了生机勃勃的生物进化时代。原始生命通过遗传变异和自然选择，演变成为原核细胞生物。这类生物大约在35亿年前或更早就已经出现在地球上了。随着繁殖数量的增多，原核细胞生物所需的物质越来越供不应求，生存竞争便随之开始了。约在30亿年前的太古代晚期，光合作用作为进化的一个早期成果，大大增加了大气的含氧量，由此加速了生命的进化进程。约在18亿年前，原核细胞生物演化成了拥有真正细胞核的真核细胞生物，这是生物进化史上的一次大飞跃。在以后漫长的岁月里，真核细胞生物中的一支渐渐发展成为多细胞生物，之后逐渐演变出了更高级的动植物。

生命的年代
地球上生命的起源和生物进化，都是地质时期发生的事情。所有生物都是依照从简单到复杂，从水生向陆生，从低等到高等的过程发展进化的。

三叠纪(2.50亿年至2.05亿年前)
爬行动物在三叠纪崛起，主要由槽齿类、恐龙类、像哺乳动物一样的爬行类组成。高大植物主要为针叶树和苏铁，覆盖丛林的矮小植物主要是蕨类。

二叠纪(2.90亿年至2.50亿年前)
两栖动物在二叠纪里繁荣昌盛，不过更成功的是爬行动物，如成群生活的基龙和异齿帆背龙。苏铁、松柏等植物也在这一时期出现。

石炭纪(3.55亿年至2.90亿年前)
石炭纪的蕨类森林里生活着数量众多的两栖动物和昆虫，同时森林也成为最早的爬行动物西洛锡安蜥的家园。

泥盆纪(4.10亿年至3.55亿年前)
泥盆纪时，陆地生物已大有进展。在海中，鱼类已变得非常普通，所以泥盆纪又称为鱼类的时代。

前寒武纪(5.70亿年前)
历时约34亿年，约占地球地质历史年代的85%。该时期的生命形态以水生菌藻植物为主，但化石极少。

志留纪(4.38亿年至4.10亿年前)
志留纪时期常见的化石有三叶虫和珊瑚。鱼类在这一时期开始征服水域。陆生植物中的裸蕨植物首次出现。

侏罗纪(2.05亿年至1.35亿年前)
侏罗纪是植物界最为均一少变的时期，裸子植物极盛(以苏铁、松柏、银杏为主)，真蕨类仍常见。而爬行动物、菊石的大量繁殖是这一时期的典型特征。

白垩纪(1.35亿年至6500万年前)
在白垩纪晚期，许多盛行的优势门类如裸子植物、爬行动物、菊石等相继衰落或绝灭；新生的被子植物、鸟类、哺乳动物及腹足类、双壳类等有所发展。

寒武纪(5.70亿年至5.10亿年前)
从寒武纪开始，生物界便呈爆发式增长，统治者是三叶虫，此外还有腕足类、杯海绵、水母、蠕虫等。此时地球上的藻类繁多，结构复杂，为无脊椎动物的发展创造了最好的条件。

第三纪(6500万至160万年前)
这一时期高等哺乳动物如马、象、类人猿等出现；被子植物繁盛；鸟类、硬骨鱼类、双壳类、腹足类、有孔虫等发展繁荣。第三纪也标志着"现代生物时代"的来临。

第四纪(160万年前至今)
第四纪是哺乳动物和被子植物高度发展的时代，最突出的事件是人类出现，故第四纪又称为"灵生纪"。

奥陶纪(5.10亿年至4.38亿年前)
奥陶纪是海生无脊椎动物最繁盛的时期。最早的鱼类也进化于奥陶纪时期，但常见的化石是灯酱贝、三叶虫、海百合和鹦鹉螺似的动物。

侏罗纪
三叠纪
白垩纪
二叠纪
寒武纪
石炭纪
泥盆纪　志留纪　奥陶纪
前寒武纪
第三纪
第四纪
46亿年前

隐藏在化石里的侏罗纪公民

—————— 恐龙的兴起与灭绝 ——————

人们对恐龙的认识是随着恐龙化石的不断发现而逐渐清晰的。1822年，一位英国乡村医生曼特尔和他的妻子在英国南部苏塞克斯郡的岩石中发现了一些动物牙齿和骨头化石，经当时法国古生物学家居维叶鉴定，这些牙齿应是犀牛的，而骨骼是河马的。但是曼特尔并没有信服这个结论，他亲自去调研，发现该化石牙齿应该属于一种灭绝的古代爬行动物，他将其命名为禽龙。后来，恐龙类的化石发现得越来越多。1842年，英国人欧文为概括当时地层中已被发现的大型陆栖爬行动物，使用了恐龙这个名称，意思是"恐怖的蜥蜴"。恐龙化石在地球上分布得非常广泛，到1989年在南极洲也发现了恐龙化石为止，恐龙在全世界七大洲都已有遗迹发现。

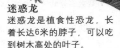

迷惑龙
迷惑龙是植食性恐龙，长着长达6米的脖子，可以吃到树木高处的叶子。

认识恐龙

在地球的生物演化史中，恐龙算是有史以来最成功的动物种类之一。和今天的爬行动物一样，大多数恐龙的皮肤很粗糙，体表有鳞，而且会生蛋。不同的是，恐龙的脚位于身体下方，是直立的，这就使它们可以比当时的其他动物走得更远，跑得更快。

恐龙的种类
我们通过化石了解到的恐龙大约有350种。不过，地球上很有可能生活过1000多种各式各样的恐龙。但是没有人确切知道地球上到底出现过多少种恐龙。

剑龙
为了适应环境，剑龙脊背上长着约20块高而硬的骨板，这些骨板可用于取暖和降温。

梁龙

板龙

腕龙

古鳄

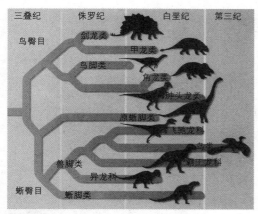

恐龙家族

恐龙分为两大类群：蜥臀目和鸟臀目。大部分的蜥臀目恐龙都具有往前突出的耻骨，而鸟臀目恐龙的每根耻骨都向后倾斜。除臀部结构不同外，两类恐龙在生活及行为特征上也不一样。鸟臀目恐龙全是植食动物，以四肢或两肢行走。蜥臀目恐龙包括以四肢行走的草食性蜥脚类恐龙，还有几乎用两肢行走的肉食性兽脚类恐龙。

恐龙的灭绝

恐龙在地球上生活了大约1.6亿年，可是到了距今约6500万年前，这些盛极一时的恐龙在地球上突然绝迹了。关于恐龙灭亡的说法，归纳起来可分为两类，即渐进说和灾变说。渐进说认为，由于中生代末期造山运动频繁，气候转冷，被子植物在许多地方取代了裸子植物，比恐龙更具竞争力的哺乳动物兴起，这一系列原因导致了恐龙的灭亡。灾变说则认为，恐龙灭亡是因为小行星撞击地球、超新星爆炸、太阳黑子等宇宙因素造成地球环境大变，导致恐龙不适应而灭绝。

恐龙家族的兴衰

从古生代末期起，一群爬行动物的祖先开始分化并逐渐统治了中生代的地球。从爬行类进化来的初龙类分支在三叠纪从小型敏捷动物开始兴起，后来形成了大型肉食类恐龙、笨重的植食类恐龙，还有精巧的能飞翔的翼龙。大约到三叠纪末，恐龙成为了地球生命的统治者。这个称霸地球的"生灵"有一个庞大的家族。蜥臀目恐龙在侏罗纪时代占据了主要地位。到了白垩纪，鸟臀目恐龙取代了蜥臀目，白垩纪后期鸭嘴龙类和角龙类成为最常见的植食者。但是，在6500万年前，所有这些动物几乎都消亡了，仅留下少数小型长羽毛的兽脚类以及哺乳动物。

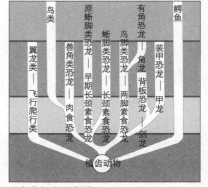

恐龙的祖先和亲属

所有恐龙都是从三叠纪一群槽齿动物进化而来的。槽齿动物同时也发展出鳄类和被称为翼龙的飞行爬行类动物。

马门溪龙
在中国发现的马门溪龙是现今发现的脖子最长的恐龙。

甲龙
甲龙后背上覆盖着坚硬结实的骨板，可帮助它们避开肉食恐龙的袭击。

三角龙
三角龙头上的三支犄角又长又利，可用于防卫。

鸭嘴龙

霸王龙

棘龙

异特龙

副龙栉龙

似鸟龙

双脊龙

钉状龙

肿头龙

叶片上的肉食大餐

探索食肉植物

19世纪后半叶，欧洲的一些探险家来到非洲探险。其中一位名叫卡尔·里奇的德国人回到欧洲后，声称在马达加斯加岛上亲眼见到一种能够吃人的树，当地居民把它奉为"神树"。一位土著妇女因违反部族的戒律，被迫爬上这种树，树上几片带刺的叶子立刻把她紧紧包裹起来。几天后树叶重新张开时，里面只剩下一堆白骨。相似的传闻还有爪哇岛上的"吃人柳"。"吃人柳"的外形与垂柳近似，它长有许多长长的枝条，行人如果不慎碰到某一枝条，其他枝条会马上卷起来，将人紧紧缠住。接着，枝条上分泌出一种极黏的消化液，开始吸食人体，直至把人体中的营养成分吸收光。"吃人植物"真的存在吗？

猪笼草
猪笼草的叶像瓶子，可以积存雨水。叶的边缘多呈猩红、褐红或紫色，带奶白色或鲜黄色条纹，叶内缘细胞渗出香甜的汁液，分泌细胞之下是一圈尖端向下的硬毛，使落入陷阱的动物不能爬出来。

食肉植物

我们知道植物一般是通过光合作用制造有机营养物质。然而自然界里却的确有500多种吃动物的植物，它们靠捕食寄生虫、昆虫和其他动物为生，我们称这样的植物为食肉植物。食肉植物多生长在泥塘沼泽及附近的潮湿土地或浸水的土地上。常见的食肉植物有毛毡苔、茅膏菜、猪笼草、瓶子草、捕虫堇和狸藻等。

叶片的中脉延伸成卷须，卷须顶端膨胀成捕虫袋。

猪笼草的囊袋上有盖，用来抵挡强暴雨。袋里装有富含消化酶的水。

猪笼草的捕虫活动

猪笼草将囊袋上盖打开，等待猎物的到来。

瓶子草
瓶子草与猪笼草相似，用捕虫袋来觅食。与猪笼草不同的是，瓶子草的叶子长成了袋状，叶缘颜色艳丽，看上去好像花一样。叶上也长有盖子，且盖上有蜜汁，能吸引昆虫前来。

被色彩和蜜汁吸引来的昆虫落入袋口后，因口缘光滑无法立稳而跌落袋内。昆虫一旦堕入陷阱就直落瓶底，被水淹死。下沉、腐烂后的昆虫尸体就被猪笼草消化吸收掉了。

生存环境

　　植物的生存离不开一系列基本营养物质，比如碳、氮、磷酸盐、钾以及其他一些矿物质和各种各样的微量元素。对于氮、钾和磷酸盐等营养物质，绝大多数的植物要从土壤中吸收。然而有些植物一直生长在既缺硝酸盐(植物氮物质的主要来源)，也缺乏其他矿物质的地区。生活在这种环境下的植物便只有通过将自己转变成食肉性植物的方式，捕捉昆虫和其他小动物，消化它们体中的蛋白质来满足自身对氮的需求。

毛毡苔
毛毡苔生长在阳光比较充足的湿地上，外表好像一朵花，每一片叶上均有腺毛，而腺毛是带有黏液的，可粘住昆虫。

叶上的黏液
这些黏液除了能粘住昆虫之外，还具有分解昆虫身体的功能。

由于沾到了叶尖上的黏液，苍蝇被粘住无法动弹。

叶片开始卷曲，将苍蝇身体包起来。苍蝇越挣扎，越刺激腺毛分泌更多的黏液(约1小时后)。

叶片将苍蝇完全包住。黏液渗入苍蝇体内，开始分解苍蝇的身体(约5小时后)。

一段时间后，苍蝇完全分解。叶上的腺毛将分解后的养分完全吸收(约10小时后)。

长叶毛毡苔的捕蝇过程

秘密陷阱

　　食肉植物对落在身上的虫子十分敏感，它们改变形态，用捕虫叶把虫子粘住或夹住，并分泌消化液把虫子消化掉。食肉植物的捕虫器都是由叶变态形成的，这种叶称为捕虫叶。捕虫叶有囊状(如狸藻)、盘状(如茅膏菜)、瓶状(如猪笼草)等。食肉植物捕虫的技巧大致有三种：陷阱式，等待昆虫掉进捕虫叶袋后将其捕住；粘虫式，用叶片上分泌的黏液粘住昆虫；圈套式，包括合拢叶片夹住虫子和在水中将昆虫吸入捕虫叶袋里两种。它们的这些奇异特性也为人类提供了有益的启示：如果人们利用食虫植物来捕捉臭虫、苍蝇、蚊子和蟑螂等害虫，就可以切断传染病的传播途径，减小传染病的发病几率。

捕蝇草
捕蝇草的叶就像蚌壳，叶缘上布满粗硬的齿状刺；中央呈玫瑰色或粉红色，每边长着三根起扳机作用的感觉毛。

捕蝇草捕虫
昆虫爬过叶片，碰到叶中央的感觉毛，叶片就会迅速关闭，叶缘的毛刺交错，将虫子关起来，直到把昆虫消化为止。这个过程可能需要几个星期。如果叶片捕的不是昆虫或者没有捕住昆虫，半小时后叶片就会重新打开。

它们要到哪里去

——— 动物迁徙之谜 ———

在非洲的坦桑尼亚北部，生活着一群为数35万头的角马。每年7月底，这些角马由小到大组成一支绵延十几千米的大军，沿着塞伦格提平原向500千米以外的马腊平原挺进。到了12月份，角马大军又开始返回故乡。就在人们对其迁徙原因深入探究之时，我国西藏的墨脱地区又传来了亿万老鼠大迁徙的奇闻。还有，世界其他地方的蝗虫结队迁移，一路吃光庄稼；蜻蜓"直升机"铺天盖地；青蛙大军鼓噪行进……这些迁徙活动到底蕴含着什么样的生物奥秘呢？

海龟洄游
小海龟在沙滩上孵化出来后，会爬向海里。若干年后，它依靠磁场和海流又会在每一个筑巢季节准确地向岸边洄游，并且通常都能洄游到其原来出生的海滩上，在那里筑巢产卵。

测试内容
将刚孵出的小海龟系在杠杆臂上，让它们在设备中自由游动。开始是在地磁的作用下游动，而且在东方有微光照耀。然后，将灯关掉，让每只幼龟在完全黑暗中在与地磁方向相反的磁场下游动。

测向盘
测向盘里装满了水，上有套龟用的可水平随意活动的杠杆臂，臂上的导线外接曲线记录仪。

线圈
用于调整磁场。

北
西 地磁场 东
南

南
西 倒转的磁场 东
北

记录结果
在地球磁场作用下，大多数幼龟在黑暗中是介于磁北和磁东之间的方向游动。磁场倒转后，它们游动的方向与上述情况差不多正好相反。

磁场定位实验
利用刚孵出的小海龟，测试它们在两种不同磁场方向的影响下定向游动的情况。测试结果说明，刚孵出的海龟能够感知地球的磁场，并根据磁场来确定自己游进的方向。

依靠星空定位
把南北迁徙的鸟，如燕雀，放在天文馆的人造星空室里，测试其在夜间定位飞行的情况。实验表明，鸟可利用星空中的北极星及其附近星的方位来定向。

迁徙行为

一般的动物会以巢为中心，在附近活动。然而，像燕子之类的动物，到了春天就会由南方迁移到北方，秋天时再由北方迁回南方。动物这种由栖息场所转移到新场所生活，然后由新场所回到原栖息地的行为称为迁徙，进行迁徙的鸟类称为候鸟。也有像旅鼠和大桦斑蝶这样的动物，它们只会找新场所生活而不会再回老家，它们的这种行为称移殖。此外，如鲑鱼、鳗鱼等鱼类、海龟等爬行类，以及鲸、海豹等栖息于水中的哺乳类，也会做周期性的大规模移动。这种水中的移动行为称为洄游。动物的迁徙都是定期的、定向的，而且多是成群地进行。

把鸟置于实验馆里

鸟的迁徙定向

一些鸟类可以从远隔数百千米以外的陌生地方飞回家，地面的可见标志对它们几乎不起作用，它们会利用阳光、磁场或星空来定位飞行。

根据太阳定位

太阳方位决定信鸽体内的生物钟。实验通过人工灯光调节明暗交替时间，来改变信鸽体内的生物钟，然后据此判定其是否是利用太阳方位进行定位。

迁徙的原因

对动物而言，最重要且最基本的行为是觅食，以此维持生命和延续后代。因此，自然就会发生动物为觅食和寻找繁殖场所而移动的情形。当然，也有不少动物很能适应原本栖息的场所，无需移动，譬如，麻雀、乌鸦等皆为留鸟。引发迁徙的原因到目前为止尚不清楚。但学者认为，可能是动物在漫长的岁月中为了适应自然环境逐渐演进而来的一种结果。而且这种迁徙的记忆可能会遗传给后代，使之变成与生俱来的行为，即本能行为。当然也有一些非规律性的迁徙，那可能是动物为了躲避自然性灾难而采取的措施，如地震、洪水等。

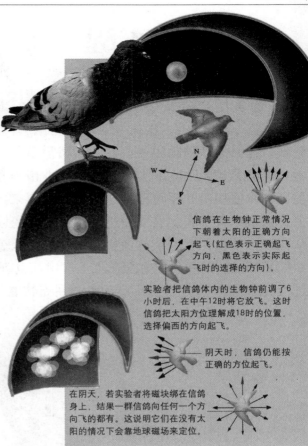

信鸽在生物钟正常情况下朝着太阳的正确方向起飞（红色表示正确起飞方向，黑色表示实际起飞时的选择的方向）。

实验者把信鸽体内的生物钟前调了6小时后，在中午12时将它放飞。这时信鸽把太阳方位理解成18时的位置，选择偏西的方向起飞。

阴天时，信鸽仍能按正确的方位起飞。

在阴天，若实验者将磁块绑在信鸽身上，结果一群信鸽向任何一个方向飞的都有。这说明它们在没有太阳的情况下会靠地球磁场来定位。

定位导向能力

迁徙动物经过长途跋涉后，一般都能准确无误地到达目的地。对于这一点，科学家们做了大量的研究，并由此得出了一些结论。原来，海龟除借助洋流与海水化学成分导航外，还有凭借地球磁场导航的本领，它们洄游的特定活动时间是由体内的生物钟确定与控制的。许多鸟类靠着体内的生物钟，能随时感觉太阳的位置，因而它们能以太阳的位置来确定方位，这就是所谓的"太阳罗盘"导航。昆虫飞行之谜也正在被科学家们所揭开。迁飞的昆虫之所以能准确无误地到达目的地，是由于它们的体内含有四氧化三铁，这种物质使它们具有感觉地球磁场的高超本领。

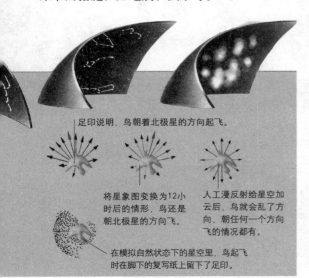

足印说明，鸟朝着北极星的方向起飞。

将星象图变换为12小时后的情形，鸟还是朝北极星的方向飞。

人工漫反射给星空加云后，鸟就会乱了方向，朝任何一个方向飞的情况都有。

在模拟自然状态下的星空里，鸟起飞时在脚下的复写纸上留下了足印。

长睡不醒

—— 探索动物的冬眠 ——

狮子的睡眠
睡眠是一种短时间的休息，它可以缓解身体肌肉的疲劳。像狮子这样的大型猎食动物通常不需要冬眠，它通常在一天剧烈的捕食运动后会通过长时间的睡眠来应对身体不适。

在加拿大，冬天一来，有些山鼠便掘好地道，钻进穴内，将身体蜷缩成一团，开始冬眠。睡鼠是冬眠动物中有名的"瞌睡虫"，它一睡就是6个月，并且睡觉时的呼吸相当微弱，身体僵硬得几乎可以把它当球一样踢来踢去。松鼠睡得更死，有人曾把一只冬眠的松鼠从树洞中挖出，它的头好像折断一样，任人怎么摇晃都没有动静。把它摆在桌上，用针也刺不醒，只有用火炉把它烘热，经过很长的时间它才悠悠而动。动物这种奇特的冬眠现象究竟是怎样造成的呢？

动物的冬眠
不同的动物有不同的冬眠方法。冬眠时，它们往往处于昏迷或熟睡状态。

蝙蝠
蝙蝠往往在屋梁上或山洞顶部的隐蔽处，把身体倒挂着呼呼熟睡。冬眠时它们每分钟的呼吸次数只有五六次。

睡鼠
睡鼠是真正的冬眠者，它能将体温降低到与环境温度相接近的程度，因此身体会变硬，呼吸也变得非常微弱。然而它就是采用这种暂停时间的方法，度过令人不快的几个月的严冬。

动物的冬眠习性

冬眠通常是指动物在麻痹或昏睡状态下越冬的行为。动物的冬眠与睡觉不同，睡觉是用于消除疲劳的方法，时间较短；而冬眠是动物适应不良环境的一种生理现象，时间较长。动物冬眠时不吃不喝地度过漫长的冬天。在冬眠前，动物会把自己养得肥肥的。冬眠时由于体温下降，新陈代谢减少，营养物质的消耗量也比往日减少许多，因此，"不吃不喝"也不会影响冬眠动物的生存。

獾
獾在洞穴或窝巢中抱头大睡。

野猪
野猪对于冬季恶劣环境的适应性很强，所以它们不会冬眠。

蜥蜴
蜥蜴会躲到石头下面、枯叶丛里，或在树洞中休眠。

乌龟
乌龟钻到沙土层里冬眠。

蛇
蛇会成群地睡在一起。

青蛙
青蛙将自己埋在池底的泥里睡觉。

冬眠动物的代谢特征

进入冬眠状态以后，动物的许多生理功能，如代谢率、心率、呼吸频率等都在发生改变。冬眠期间，动物的代谢率下降很快，此时动物的体温、氧耗、呼吸频率均维持在一个极低的水平，是正常状态下的几十分之一。动物的体温也降到与环境温度仅差1～2℃的水平，但脑部的温度仍然保持基本恒定。冬眠中的恒温动物，其心率可降到每分钟5～6次；呼吸率可降到每分钟1次；肾功能也大为减弱。冬眠并不是一种静止状态，此时动物仍会对内外刺激产生一定的反应。如果环境温度降低到威胁生命的程度，正在冬眠的动物可通过觉醒来增强代谢率，以此来抵御低温。

棕熊的冬眠历程

到了秋末，棕熊可以长到600千克，大肚子都拖到了地上。

秋天到了，棕熊开始大吃大喝，把自己养得又肥又胖，使体内的皮下脂肪大为增加。

吃饱喝足后，棕熊开始眯着眼睛打盹，酝酿睡眠。

没多久，棕熊就陷入沉沉的冬眠中了。

天气转暖后，棕熊醒来，张嘴打着哈欠，伸伸懒腰，开始活动了。在冬眠的这段时间里，棕熊就好像接受了一次减肥治疗似的，体重降了下来，食欲旺盛起来，这时它就开始准备觅食了。

蜗牛
蜗牛冬眠时会用自身的黏液把身体密封起来，只留下一个小孔供呼吸用。

刺猬
刺猬冬眠的时候很可怕，它们竟然连呼吸也快停止了。原来，刺猬的喉头有一块软骨，可将口腔和咽喉隔开，并掩紧气管的入口。正常情况下，刺猬每分钟呼吸50次，但冬眠熟睡时几乎可以不吸入空气。

有益的夏眠行为

动物的冬眠是为了度过严冬，可是夏季的酷热对于变温动物而言，也是极为难耐的。为了避免体温过高，在炎夏里，有些动物也会长时间地停止一切活动，进行夏眠。蜗牛、龟类、蜥蜴等动物都会夏眠。它们夏眠主要是为了适应夏天干燥缺水以及高温的环境。尤其是在旱季和雨季很明显或异常干旱的地区，许多动物都通过休眠来生存下去。

熊
熊在秋天吃饱喝足，把身子养胖以后，就跑进深山岩洞把自己封闭起来，开始安安稳稳地冬眠了。熊在冬眠时呼吸正常，有时它还到外面溜达几天再回来。雌熊在冬眠中，让雪覆盖着身体。一旦醒来，它身旁可能就会躺着1～2只天真活泼的小熊，显然这是雌熊冬眠时产下的仔。

人类无法模仿的飞行

——— 鸟类会飞的秘密 ———

自古以来，人们就梦想着能像鸟儿一样在空中自由地翱翔。传说大约在2000年前，我国西汉后期王莽时代，有一位勇敢的人用大鸟的羽毛做成人工翅膀，把它绑在身上，模仿鸟类扇动两翅，试图实现飞上天空的理想，据说他飞了没几步就掉了下来。后来人们逐渐认识到，单靠羽毛是不能飞上天的。经过认真地剖析和研究鸟类的身体，人们发现鸟会飞竟然是由很多因素共同决定的。那么鸟类到底是怎样飞起来的呢？

始祖鸟
尽管现在认为始祖鸟是鸟类的先祖，然而它还是与现代鸟不同。始祖鸟有牙齿，有与蜥蜴一样的尾巴，并且在每只翅膀上长有三只爪子。

特异的体形

鸟类的身体呈流线型，其头部小而前方尖，这有利于减少飞行中空气的阻力。鸟类身体表面密披向后倒、轻而顺滑的羽毛，能减少飞行的阻力；尾羽起着舵的作用，具有变换飞行方向、控制平衡的功能；等等。

鸟的身体结构
为了便于空中飞行，鸟的身体很轻巧，并且具有一些适于飞行的身体构造，如有气囊、骨骼中空等。

轻质的颅骨
鸟类的颅骨呈典型的轻质蜂巢状，并且在进化过程中为了减重，牙齿也消失了。

眼睛
鸟类的视觉比嗅觉发达，良好的视觉使它们能在空中很容易发现食物。

气管

卵巢
卵巢是雌鸟的生殖器官。大部分哺乳动物有两个卵巢，一左一右，但因为重量是影响飞行的一个因素，所以鸟类进化为只有一个卵巢。

喙
鸟类有喙而没有牙齿。鸟喙因鸟的食性不同而有很大的区别。

鸣管
鸣管为气管中的一个腔室，鸟类的各种鸣叫声都由此发出。

气囊
气囊是用来装空气的囊袋，它可以使鸟变得更轻，并有冷却身体的功能。气囊将空气送进及送出肺。

适于飞行的生理构造

鸟类的胸肌非常发达，它们依靠胸肌的收缩、舒张，带动翅膀上下扇动，产生足以支持并超过鸟类体重的动力；鸟类的骨骼成分中的无机盐较多，使全身骨骼坚而轻；等等。

心脏
与相同体形大小的哺乳动物相比，鸟类的心脏比哺乳动物的大。心跳次数与鸟的身体大小有关，身体越小，心跳次数越快。

股骨
陆生脊椎动物的骨骼内充满了骨髓，但是鸟类的大型骨头却是中空的，股骨也不例外。

泄殖腔
泄殖腔是肠的终点，卵巢和肾脏也有管子通到这里。

肾脏
鸟类不像哺乳动物一样产生尿液，而是产生一种白色半固体状的鸟粪，这样可以减少水分丧失。

肠
鸟类的直肠特别短，不能积存粪便，这种结构有利于飞行时减轻负重。

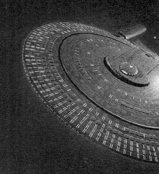

[第二章]

Part2···

科学探索

　　科学是人类创造的最为灿烂的文明之一。不论是数学，还是物理，抑或是化学，这些基础科学的发展历程无一不包含着人类对客观世界进行探索的艰苦努力。基础科学的发展也促使应用科学结出累累硕果，从古代的机械工具、人工取火等重大技术的发明到18世纪蒸汽机的发明和应用，从19世纪电机的发明和电力的应用到20世纪原子能技术和电子计算机的发明和应用，每一个划时代的发明和运用，都标志着人类的一次解放和对自然支配范围的扩大。科学家牛顿说：如果我看得远，那是因为我站在巨人的肩上。现在，让我们沿着这些科学巨人的脚步，向着前方更为绚丽奇妙的科学世界开始一轮全新的探索之旅吧。

魔术方阵

—— 数字的奥秘 ——

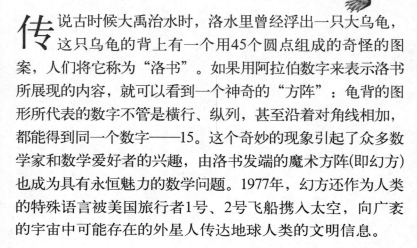

传说中背刻符号的乌龟

转化成数字后的魔术方阵

4	9	2
3	5	7
8	1	6

横行各数字和：4+9+2=15
3+5+7=15
8+1+6=15

纵列各数字和：4+3+8=15
9+5+1=15
2+7+6=15

对角线数字和：4+5+6=15
2+5+8=15

传说古时候大禹治水时，洛水里曾经浮出一只大乌龟，这只乌龟的背上有一个用45个圆点组成的奇怪的图案，人们将它称为"洛书"。如果用阿拉伯数字来表示洛书所展现的内容，就可以看到一个神奇的"方阵"：龟背的图形所代表的数字不管是横行、纵列，甚至沿着对角线相加，都能得到同一个数字——15。这个奇妙的现象引起了众多数学家和数学爱好者的兴趣，由洛书发端的魔术方阵(即幻方)也成为具有永恒魅力的数学问题。1977年，幻方还作为人类的特殊语言被美国旅行者1号、2号飞船携入太空，向广袤的宇宙中可能存在的外星人传达地球人类的文明信息。

三阶魔术方阵的排列
在这个方阵中，无论横行、纵列或斜行，3个数字的都是"15"。

魔术方阵
魔术方阵中若每列3个方格，就叫做"三阶"，若每列有4个方格，就叫做"四阶"，依次类推"五阶"、"六阶"……魔术方阵具有各对角线、各横行与纵列的数字和相等的性质。

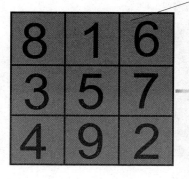

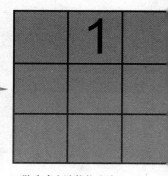

三阶魔术方阵的构成法

数字发展史

数字是人类祖先的一大发明创造。早期的原始人在狩猎生活中产生了"有"和"无"的概念。随着捕获物数量的增加，"多"和"少"的概念也出现了。人类最早用来计数的工具是手指和脚趾，当数目很多时，人们就用小石子来计数。渐渐地，人们又用绳结来记数，或者在兽皮、树木、石头上刻画横线。这些记数方法和记数符号慢慢转变成了最早的数字符号。如今，世界各国都在使用阿拉伯数字。人类最早认识的数是诸如1、2、3 这样的自然数。随着认识的深化，人类又有了零和负数的概念，后来又认识到分数和小数的合理性。近代以来，科学家们又提出了有理数、无理数、虚数和实数等概念。"数"由此发展成为一个大"家族"。

魔术方阵的应用
目前，幻方已在组合分析、实验设计、图论、数论、对策论、纺织、工艺美术、程序设计、人工智能等领域得到广泛应用。

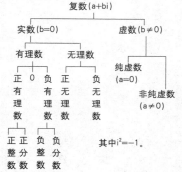

其中 $i^2 = -1$。

数字的计算

大家都知道，算术中的加法、减法、乘法、除法运算统称为四则运算。四则运算的起源很早，有的几乎与数字同时产生，如罗马数字6写成Ⅵ，就是5加1的意思，4写成Ⅳ，即5减去1。"+"与"−"这两个符号是1489年德国数学家威特曼在他的著作《简算与速算》一书中首先使用的，1514年被荷兰数学家赫克当做代数运算符号，后又经法国数学家韦达的宣传和提倡，到1630年获得大家的公认。"×"是英国数学家奥特雷德于1631年提出来的，因为它是表示增加的另一种方法，所以将"+"号斜过来作为乘号的模样；另一种乘法符号"·"是德国数学家莱布尼兹首创的，他是为了预防"×"与字母"X"相混。"÷"则是由瑞士学者雷恩在1656年出版的一本代数书中提出的。

古巴比伦数字
古埃及数字
古罗马数字
玛雅数字
古印度数字

五阶魔术方阵的构成法

先画出一个五阶方阵，再在每边加上4个小方格（图中黄色所示），然后把1到25各数字按右斜顺序填入方阵中。

（图1）

魔术方阵的发展

13世纪，我国南宋数学家杨辉在世界上首先开展了对幻方的系统研究，欧洲14世纪时也开始了这方面的研究工作。如今，幻方仍然是组合数学的研究课题之一。

接着把黄色方格中的数字按箭头指示方向放入魔术方阵。

（图2）

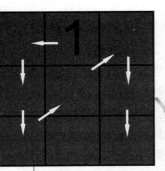

在最上面一行的中间格内写1。然后按箭头方向依次填写2，3……，9。最后将2和8对调，就完成了魔术方阵的排列。

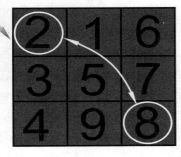

11	24	7	20	3
4	12	25	8	16
17	5	13	21	9
10	18	1	14	22
23	6	19	2	15

将上下左右的黄色方块中的数字全部填满后，五阶魔术方阵就做好了。

（图3）

关于数字"0"

"0"是个奇妙的数字，它出世很晚。我国古代用竹筹计数，遇零就空位，以后文字计数就用□表示空位。后来传到印度(当时印度人用圆点"·"表示空位)，逐渐书写演变成了"0"。7世纪初，印度大数学家葛拉夫·玛格蒲达首先说明了0的性质：任何数乘0是0，任何数加上0或减去0得任何数。有的学者认为，0的概念之所以在印度产生并得以发展，是因为印度佛教中存在着"绝对无"这一哲学思想。0的创造在数学史上是一个重大的发展，它一产生就成为一个独立的符号，其内容比其他任何数字都更为丰富。

古埃及的丈量师

—— 数学中的测量 ——

埃及位于尼罗河流域，由于尼罗河水经常泛滥，淹没良田，所以埃及的土地没有固定的大小。为了根据土地征收赋税，统治者不得不要求丈量师不断地重新丈量土地。古希腊的历史学家希罗多德在《历史》中有这样的叙述："国王在全体埃及居民中间把土地做了一次划分。他把同样大小的正方形土地分配给所有的人，而要土地持有者每年向他缴纳税金，作为他的主要收入。如果河水泛滥，国王便派丈量师计量损失地段的面积。"古希腊哲学家德谟克利特也曾指出："我不得不深信，埃及人几乎每个人都是拉绳定界的先师。"几何学正是从这种"拉绳定界"的活动中产生的。

测量直角三角形的土地面积
直角三角形的面积与用绳子拉成的长方形的面积相同。

测量直角梯形的土地面积
直角梯形的面积与用绳子拉成的长方形的面积相同。

测量不规则形状的土地面积
先把土地面积用绳子围起来，然后再把它分成直角三角形、长方形或直角梯形等规则图形来计算面积。照这种方法做，无论什么形状的土地面积都可以测量出来。

古埃及的丈量师在测量土地的过程中渐渐发展出了"测地术"。

圆周率 π 的测量

早在3500年前，巴比伦人就知道了圆周率 π 的近似值为3，这与中国最早的数学著作《周髀算经》中提出的"径一周三"的说法相一致。中国三国时期的数学家刘徽，用圆的内接正192边形来近似地代表圆的周长，由此得到圆周率的近似值是3.14。到南北朝时期，祖冲之发现与 π 最接近的数是22/7和355/113，后来他又把圆周率精确到了小数点后的第7位，推算出3.1415926< π <3.1415927。在计算 π 值的过程中人们逐渐认识到，π 是个无限不循环小数。到20世纪初，π 值经计算机计算已达小数点后12411亿位。数学家们一直试图研究出 π 在数字排列上的规律，可惜谜底始终未能解开。

→ 转动

圆周长

将圆从一个位置滚动一圈回到原位，圆走过的距离就是圆周长。

用直尺和两个三角板就可以测出圆的直径。

圆周长和直径求 π 的方法
圆周率就是圆的周长和它的直径长度的比值。尽管不同圆的周长和直径不同，但是对所有的圆来说，圆周率都是相等的。从这个角度讲，圆周率是刻画圆的最重要的数据。

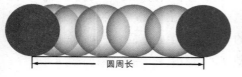

地球周长的测量

两千多年前，古希腊的埃拉托色尼成了世界上第一个计算出地球周长的人。埃拉托色尼发现：在离埃及亚历山大城约800千米的塞恩城，夏日正午的阳光可以一直照到井底，这时候城里所有地面上的直立物都没有影子。但是，在亚历山大城地面上的直立物却有一段很短的影子。于是埃拉托色尼认为：直立物的影子是由亚历山大城的阳光与直立物形成的夹角造成的。根据地球是圆球和阳光沿直线传播的原理，他从假想的地心分别向两城引两条直线，其中的夹角应等于亚历山大城的阳光与直立物形成的夹角。再按照相似三角形的比例关系，已知两地之间的距离，便能测出地球的圆周长。埃拉托色尼于是测出夹角约为7°，由此推算地球的周长大约为4万千米，这与地球实际周长(40076千米)相差无几。

—— 面积
圆的面积与一直角边等于圆周而另一直角边等于半径的直角三角形的面积相等。

大金字塔的奥秘

金字塔是古埃及文明的象征。在阿拉伯文中，金字塔的意思是"方锥体"，从四面看，金字塔都呈等腰三角形。英国《伦敦观察家报》的约翰·泰勒曾根据文献资料中提供的数据对金字塔进行了研究。他发现埃及规模最大的胡夫大金字塔令人难以置信地包含着许多数学上的原理。他首先注意到胡夫大金字塔底角不是60°，而是51°51′，从而发现每壁三角形的面积等于其高度的平方。另外，塔高与塔基周长的比就是地球半径与周长之比，因此，用塔高来除底边所得数值的2倍便是圆周率。塔高乘以109就等于地球与太阳之间的距离，塔基的周长按照某种单位计算的数据恰为一年的天数等。大金字塔到底凝结着古埃及人多少智慧，至今仍然是一个没有完全解开的谜。

π比3大的理由

画一个圆，在圆内做一个内接正六边形，再连接出3条对角线，形成6个正三角形。假设圆的半径为1，那么，正六边形每条边的边长也是1，则其周长为6，是圆直径的3倍。同时，由于圆的周长比正六边形的周长要长(从图中即可看出)，所以圆周长比直径的3倍要多。

内接正六边形的边长为3，增加正多边形的边数，求得内接正九十六边形周边长为：$\dfrac{223}{71}$	直径＝1因此圆的周长（圆周）＝π$\dfrac{223}{71} < π < \dfrac{22}{7}$	算出外切正六边形周边的长，增加正多边形的边数，求得外切正九十六边形的周长为：$\dfrac{22}{7}$

阿基米德对π的计算
首先在圆内做一个内接正六边形，再将它变成正十二边形，再变成正二十四边形……一直做下去，所得到的周边长数值就会越来越接近π值。同时，再做圆的外切正六边形、正十二边形、正二十四边形……一直做下去也可以使周边长数值越来越接近π值。

阿基米德的数学测量

阿基米德在数学测量领域做出了巨大的贡献。他把要求面积(或体积)的曲线形切割成无限多的直线形，则这些直线形面积(或体积)的总和就是所求的曲线形的面积(或体积)。他用这种方法证明了圆面积与一直角边等于圆周而另一直角边等于半径的直角三角形的面积相等。他还用这种方法结合力学原理得出了各种复杂的平面曲线围成的面积和各种曲面的面积及其所围成的体积。阿基米德的这种测量方法为后来牛顿等人完成微积分理论奠定了基础。

体积
球的体积是其外接圆柱体体积的2/3，其内接圆锥体的体积是该圆柱体体积的1/3。

无处不在的黄金分割

——— 优美的几何 ———

古希腊著名学者毕达哥拉斯在公元前5世纪提出了"万物皆数"的观点。他从铁匠打铁时发出的具有节奏和起伏的声响中测出了不同音调与数的关系，又通过在琴弦上所做的实验找出了八度、五度、四度和谐的比例关系。在对"数的音乐"的研究过程中，毕达哥拉斯发现"和谐能够产生美感效果，和谐是从一定数的比例关系中派生出来的"。他把这种数的比例关系推广到了音乐、绘画、雕刻、建筑等各方面，"黄金分割率"就是这些"和谐比例"关系中的一个。无论什么物体、图形，只要它各部分的比例关系都与这种分割法相符，就能给人最悦目、最美的印象。这一比例就是1：0.618。只要你够细心，就会发现生活中处处充满着优美的"几何"。

人体中的黄金分割点在肚脐处，这样人的上下比例就显得协调而优美。

黄金分割点

树叶的黄金比例

黄金分割率
黄金分割是古希腊哲学家毕达哥拉斯的发现。经过反复比较，他最后确定1：0.618的比例最优美。后来，德国的美学家泽辛把这一比例称为黄金分割率。

黄金分割的实际应用
黄金分割的实际应用最著名的例子是优选学中的0.618法。这里的0.618是C的近似值，但在实用上已足够精确。优选法的另一种方法是分数法，而分数列的极限正是C值。

长与宽之比为黄金比率的长方形是所有长方形中最和谐的。所以，纸张等平面造型差不多都采用"黄金长方形"。法国画家米勒的名画《拾穗者》的构图就遵循了这样的黄金比例。

如何寻找黄金分割点
设已知线段为AB，作BD⊥AB，使BD＝AB/2，连结AD，以D为圆心、BD为半径作弧交AD于E，再以A为圆心、AE为半径作弧交AB于C，则C就是所求的分点，即黄金比或黄金分割点。

自然界的黄金分割

"0.618"这个"黄金数"在自然界中随处可见。例如，人的肚脐是人体总长的黄金分割点，人的膝盖是肚脐到脚跟的黄金分割点。有些植物茎上的两个相邻叶柄的夹角是137°28′，这恰好是把圆周长分成1：0.618两部分的半径夹角。各国建筑师们对0.618也特别偏爱，埃及金字塔、巴黎圣母院、埃菲尔铁塔，都有与0.618相关的数据。许多名画、雕塑、摄影作品的主题，大多在画面比例的0.618处。

几何学的发展

几何学与其他自然科学一样也产生于实践。远古时代，人们在实践中积累了十分丰富的平面、直线，方、圆，长、短，宽、窄，厚、薄等概念，并且逐步认识了这些概念之间的关系，这些后来就成了几何学的基础。公元前3世纪，欧几里得集前人的几何知识之大成，演绎出"欧氏几何"这一严密的几何定理系统，这标志着几何学已经发展成为一门比较完整的纯粹数学的学科。17世纪，法国著名科学家笛卡尔将几何和代数结合起来，创立了解析几何。与解析几何几乎同时产生的还有射影几何。18世纪时，随着曲线和曲面理论的迅速发展，微分几何学成了一门独立的数学科目，其中德国数学家高斯做出的贡献最大，他奠定了曲面论的基础。高斯的曲面论后来经过德国数学家黎曼的拓展，又发展成为黎曼几何学。

欧几里得

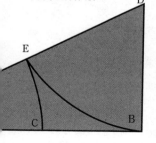

此图可看出有6个立方体。如果将书倒过来看，你发现了几个立方体呢？

几何的基本图形

生活中的许多物体，如果不管它们的其他性质(如颜色、重量、材料等)，只关注其形状、大小、位置等，就能得到各种几何图形(简称图形)。平面的基本图形有正方形、矩形、三角形、圆等；空间的基本图形包括正方体、长方体、棱柱、球、圆柱、圆锥等。生活中，我们还常常看到许多美丽的图案，它们都是由这些简单的基本几何图形组成的。

美丽的几何曲线

简化法

欧拉想到：岛的形状、大小及桥的长短并不影响问题的结果，位置才是重点。于是他将图形简化，将小岛化为点，桥则用线表示，这样就画出了简单的图形，七桥问题就相当于能不能一笔画出此图形的问题了。

穷举法

为了解决七桥问题，欧拉最先想到的是"穷举法"，即把所有可能的走法详细列出，然后一一检查是否可行。但是他马上发现这样做非常麻烦，因为逐一检查实在太耗时了；而且，这样的方法没有通用性，桥的位置或数量一旦改变，就得再重新检查一次！

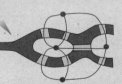

无法实现的七桥问题

建好后的几何图形中，每个点如果有进去的边就必须有出来的边，因此每个点连接的边数必须为偶数才能完成一笔画。但此图中的每个点都连接着奇数条边，因此不可能一笔画出。这就说明不存在一次走遍7桥，而每座桥只许通过一次的走法。欧拉对"七桥问题"的研究是图论研究的开始，同时也为拓扑学的研究提供了一个初等的例子。

七桥问题

18世纪，在哥尼斯堡城(今俄罗斯加里宁格勒)的普莱格尔河上有7座桥，它们将河中的两个岛和河岸连接，城中的居民经常在桥上散步。后来有人提出了一个问题：能否一次走遍7座桥，而每座桥只许通过1次，最后仍回到起始地点。这个问题看起来似乎不难，但人们始终没能找到答案。最后，问题被大数学家欧拉得知。欧拉很快证明了这样的走法不存在。他是这样解决问题的：既然陆地是桥梁的连接地点，那么，不妨把被河隔开的陆地看成4个点，7座桥表示成连结这4个点的7条线。于是"七桥问题"就转化成图形一笔画的问题了。

一笔画定理

1736年，欧拉证实了自己的猜想——七桥问题的走法根本不存在，并发表了他的"一笔画定理"；一个图形要能一笔完成就必须符合两个条件，即图形是封闭连通的和图形中的奇点(与奇数边相连的点)个数为0或2。

四色之谜

—— 数字领域的各种猜想 ——

1852年，搞地图着色工作的弗南西斯·格思里发现了一种有趣的现象：每幅地图都可以只用四种颜色就能使有共同边界的国家拥有不同的颜色。这个结论能不能从数学上加以严格证明呢？这就是世界近代三大数学难题之一的"四色猜想"。四色猜想被提出以后成了全世界数学界共同关注的问题。1976年，美国数学家阿佩尔与哈肯在两台不同的电子计算机上，用了1200个小时，做了100亿个判断，终于完成了四色猜想的证明。事实表明，数学猜想对数学理论的发展有着极其重要的意义。

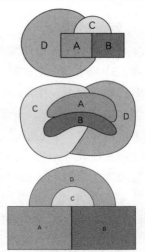

几种应用四色猜想可以解决的地图着色情况

中国西北部地图

哥德巴赫猜想

素数是指仅能被1和自身整除的非1整数，如2、3、5、7、11，自然数中有无限多个素数。历史上和素数有关的数学猜想中，最著名的就是"哥德巴赫猜想"了。它是由德国数学家哥德巴赫于1742年提出来的：任何一个不小于6的偶数都是两个奇素数之和；任何一个不小于9的奇数都是三个奇素数之和。显然，第二个猜想是第一个猜想的推论，因此，只需要在两个猜想中证明一个就够了。可是直到19世纪末，哥德巴赫猜想的证明也没有任何进展，其难度远远超出了人们的想象。1966年，我国著名数学家陈景润攻克了"1+2"，也就是说"任何一个足够大的偶数，都可以表示成两个数之和，而这两个数中的一个就是奇素数，另一个则是两个奇素数的和"。这个定理被世界数学界命名为"陈氏定理"。

哥德巴赫猜想实例

我们从这些具体的例子中可以看出，哥德巴赫猜想都是成立的。有人甚至逐一验证了3300万以内的所有偶数，竟然没有一个不符合哥德巴赫猜想的。可是自然数是无限的，谁知道会不会在某一个足够大的偶数上，突然出现哥德巴赫猜想的反例呢？

$$6 = 3 + 3$$
$$8 = 3 + 5$$
$$10 = 5 + 5$$
...
$$100 = 3 + 97 (= 11 + 89 = 17 + 83)$$
...

"9+9"

1920年，挪威数学家布朗证明了定理"9+9"。所谓"9+9"，就是"任何一个足够大的偶数，都可以表示成其他两个数之和，而这两个数中的每个数，都是9个奇素数之和"。从这个"9+9"开始，全世界的数学家集中力量缩小"包围圈"，当然最后的目标就是"1+1"了。

由于陈景润的贡献，人类距离哥德巴赫猜想的最后结果"1+1"仅有一步之遥了。但为了实现这最后一步，也许还要历经一个漫长的探索过程。

从"9+9"到"1+2"

1920年，布朗证明了"9+9"；
1956年，我国数学家王元证明了"3+4"；
1956年，苏联数学家阿·维诺克拉多夫证明了"3+3"；
1957年，王元又证明了"2+3"；
1962年，我国数学家潘承洞证明了"1+5"；
1963年，潘承洞与苏联数学家巴尔巴恩又分别独立证明了"1+4"；
1965年，苏联数学家布赫夕塔布与意大利数学家朋比尼都证明了"1+3"；
1966年，我国数学家陈景润对筛法做了新的重要改进，证明了"1+2"。

孪生素数猜想

长期以来人们猜测孪生素数(p是素数，p+2亦是素数，则p和p+2是一对孪生素数)有无穷多组，这就是集令人惊异的简单表述和同样令人惊异的复杂证明于一身的著名猜想——孪生素数猜想。究竟谁最早明确提出这一猜想并没有确切的考证，但1849年法国数学家波林那克提出：对于任何偶数2k，存在无穷多组以2k为间隔的素数。如果k=1，就是孪生素数猜想，例如3和5，5和7，11和13，…，10016957和10016959，…1966年，中国数学家陈景润在这方面得到了最好的结果：存在无穷多个素数p，而p+2不超过两个素数之积。孪生素数猜想至今仍未得到解决。

蜂窝材料
它们具有结构稳定、用料省、覆盖面广、强度高等众多优点。其中，蜂窝复合材料是至今为止已知的最节省材料，具有最大强度重量比的轻质高强结构材料。

蜂窝的结构
每一面蜂蜡隔墙厚度及误差都非常小，6面隔墙宽度完全相同，墙之间的角度正好120°，形成了一个完美的几何图形。

蜂窝结构技术及产品早已被广泛应用于航空、航天等高科技领域。

蜂窝工程
蜂窝是一个十分精密的建筑工程。蜜蜂建巢时，青壮年工蜂负责分泌片状的新鲜蜂蜡，每片只有针头大小；而另一些工蜂则负责将这些蜂蜡仔细摆放到一定的位置，以形成竖直六面柱体。

蜂窝猜想

公元4世纪，古希腊数学家佩波斯提出：蜂窝的优美形状是自然界最有效劳动的代表。他猜想，人们所见到的、截面呈六边形的蜂窝是蜜蜂采用最少量的蜂蜡建造成的。他的这一猜想被称为"蜂窝猜想"。人们一直有疑问：蜜蜂为什么不让其巢室呈三角形、正方形或其他形状呢？每一个蜂巢都是六面柱体，而蜂蜡墙的总面积仅与蜂巢的截面有关。由此引出一个数学问题，即寻找面积最大、周长最小的平面图形。尽管蜂窝猜想一直悬而未解，但人们还是受到启发，创造性地发明了各种"蜂窝技术"。

回数猜想

如果一个数从左向右读和从右向左读都是一样的数字，那么这个数就叫"回数"。比如101、32123、9999，等等。任取一个数，再把这个数倒过来，并将这两个数相加，一直重复这一过程就一定能获得一个回数，这就是有名的"回数猜想"。至今还没有人能确定这个猜想是对还是错。"196"这个三位数也许能成为这一猜想不成立的反证。因为用电子计算机对这个数进行了几十万步计算，仍没有得到回数。但这也不能证明这个数就永远产生不了回数。

$$68 + 86 = 154$$

回数猜想
例如68，按猜想的做法进行运算，只需要三步就可得到一个回数。

$$154 + 451 = 605$$

$$\cdots 1111 = 506 + 605$$

物质只有三种状态吗

—— 构成物质的状态 ——

你一定见过等离子电视机吧，它是一种以等离子显示器来显示图像的超薄电视，可以悬挂在墙壁或天花板上。实际上，等离子电视利用了一种通过惰性气体放电的显示技术，其工作原理跟日光灯管有些类似：每一个等离子管就是一个发光元件，四周经气密性封闭，形成一个个放电空间，其内充满混合的惰性气体；然后经电极释放高压，混合气体发生电离，并产生紫外线，最后由紫外线轰击荧光屏，从而产生画面。这种等离子荧光屏的基础就是呈现物质"第四态"的等离子体。

液晶材料
"液晶"的概念对我们来说并不陌生，它在电子表、计算器、手机、电脑和电视机等的文字和图形显示上得到了广泛的应用。液晶材料属于有机化合物，这种材料在一定温度范围内可以处于"液晶态"，即物质的第四态。它既具有液体的流动性，又具有晶体在光学性质上的"各向异性"，并且对外界因素（如热、电、光、压力等）的微小变化很敏感。正是这些特性才使液晶材料被广泛应用于科技领域。

固态、液态和气态

自然界中物质的存在形态被称为"物态"。我们最熟悉的三种物态是固态、液态和气态，这三者可以在一定条件下相互转化。譬如，水分在循环运动过程中不断地改变着它的状态：液态的水可以凝固为固态的冰，也可以蒸发为气态的水汽；气态的水汽可以凝结为液态的雨，也可以凝华为固态的冰雪；而固态的冰则可以溶化为液态的水，也可以升华为气态的水汽。

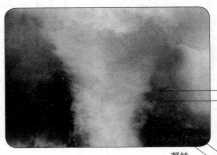

凝结

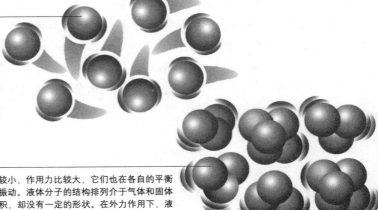

气态
气体分子间的距离比较大，因此它们之间的作用力很小，彼此之间不能约束。气体分子都在进行无规则的热运动，在它们没有发生碰撞之前，气体分子做匀速直线运动，只有在彼此之间发生碰撞时，它们才改变运动的方向和运动速度。由于气体分子可以到处移动，因此气体能充满它所能到达的任何空间，所以气体既没有一定的形状也没有一定的体积。

液态
液体分子间的距离比较小，作用力比较大，它们也在各自的平衡位置附近做无规则的振动。液体分子的结构排列介于气体和固体之间，它有一定的体积，却没有一定的形状。在外力作用下，液体的压缩性小，不易改变其体积，但流动性较大。

第四态

　　固态、液态和气态是我们在生活中经常遇到的物态，但实际上，物态还有一种特殊的状态——第四态，前面所说的等离子体就是物质第四态的体现。第四态是气态物质经过电离后生成的区别于固态、液态、气态的第四种状态。第四态物质既可以像液体那样流动，又能像固体的晶体那样拥有有序的内部结构。其实第四态在自然界中普遍存在，除了宇宙间大部分星际物质都处于等离子体状态外，地球上南北极出现的五光十色的极光、夏日雷雨时出现的闪电，以及生活中绚丽多彩的霓虹灯、日光灯等都与第四态密切相关。

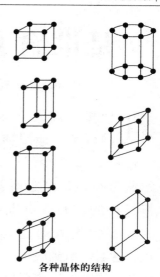

各种晶体的结构

固态
构成固体的微粒间距离很小，作用力很大。粒子在各自的平衡位置附近做无规则的振动，固体能保持一定的体积和形状。在受到不太大的外力作用时，固体的体积和形状改变很小。

晶体和非晶体
根据粒子排列方式的不同，固体可分为晶体和非晶体两种。如果粒子的排列具有规则的几何形状，这样的物质就叫晶体，如金属、食盐、金刚石等。如果组成固体的粒子杂乱堆积，分布混乱，这样的物质就叫非晶体，如玻璃、石蜡、沥青等。

升华

凝华

凝固

溶化

水的三态变化

蒸发

宇宙中已发现七种物态

　　在浩瀚无垠的宇宙中，除了我们经常接触到的固体、液体、气体三种物态以及已经被人们优先利用了的第四态外，科学家们又发现了"超固态"、"反物质"及"辐射场态"。不同的物态，特性也大不相同。超固态密度大，比金刚石还要坚硬得多。反物质态具有很大的能量：反质子和质子碰撞时，释放出的能量是核反应所释放能量的1000倍。辐射场态的特性从表面看好似真空，所以科学家们又称它为"空无一物的第七态"。但实际上，所谓的"真空"却充满了热辐射，即各种波长的电磁波。

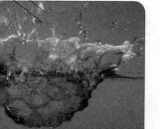

布朗运动
英国植物学家布朗在用显微镜观察水中悬浮的花粉时，惊奇地发现花粉粒子在水中活蹦乱跳，不停地做着无规则运动。爱因斯坦后来用分子运动理论解释了这种现象的成因——微小的、看不见的水分子在不断地剧烈撞击花粉粒子。这种现象被称为"布朗运动"。布朗运动永远不会停止，也就是说物质分子的运动是永不停息的。

水中的花粉粒子

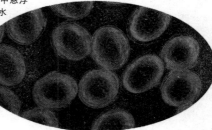

是谁偷了哈桑的鱼

—— 探索地球重力的产生 ——

利比里亚商人哈桑在挪威买了1.2万吨鲜鱼，运回利比里亚首府后，一过秤，鱼竟少了47吨！哈桑回想购鱼时他是亲眼看着鱼老板过秤的，归途上也平平安安，无人动过鱼。这47吨鱼到底跑哪儿去了呢？哈桑百思不得其解。后来，这桩奇案终于大白于天下——原来，是地球的重力"偷"走了哈桑的鱼。

地球离心力
以一定速度作圆周运动的任何物体都受到一个向外的离开中心的力的作用，这个作用力就是"离心力"。自转的地球做圆周运动，也受到离心力作用，因此才渐渐变成一个赤道略鼓、两极略扁的椭球体。

重力加速度
自由落体运动中，物体的加速度是物体受到重力的作用所致，因此也称为"重力加速度"，常用g表示。重力加速度的方向总是竖直向下，它的数值可由实验测定。实验表明，在地球上同一地点的任何物体，无论它们的形状、大小和质量如何，在忽略空气阻力的条件下，它们自由下落的加速度的值都一样。根据"国际计量大会"的规定，重力加速度的标准值是$g = 9.8\text{m/s}^2$。

地球重力惹的祸

地球重力是指地球引力与地球离心力的合力。地球的重力值会随地球纬度的增加而增加，赤道处最小，两极处最大。同一个物体若在两极重190千克，拿到赤道就会减少近1000克。挪威所处纬度高，靠近北极；利比里亚的纬度低，靠近赤道，地球的重力值也随之减少。哈桑"丢失"了的鱼正是因不同地区的重力差异造成的。

引潮力
万有引力无处不在，地球上海水的潮起潮落就是月球和地球间很明显的引力作用的结果。地球表面每个点受月球引力的大小并不一样：有的地方引力大于地球离心力，有的地方小于地球离心力，而这两个力之间的差值就是产生潮起潮落现象的引潮力。

涨潮时的海岸

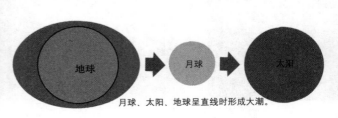

月球、太阳、地球呈直线时形成大潮。

重力是合力

地球上物体的重量在受万有引力作用的同时，还受到地球自转所产生的离心力的影响，离心力抵消着万有引力的作用，它们的合力就称为"重力"。地球旋转时，赤道地区的线速度最大——这是由于赤道是最长的纬线圈，因而离心力最大。而万有引力在各处基本不变，所以重力在赤道会比在其他地方要小。

万有引力

构成宇宙的一切物体之间都存在着相互吸引的力，这个吸引力就叫"万有引力"。万有引力的大小与两个物体的质量的乘积成正比，与它们距离的平方成反比，这一规律叫做万有引力定律。一般说来，物体所受的重力即地球施予的万有引力。但严格地说，物体所受的重力无论大小还是方向，都不同于地球对物体的万有引力，两者存在微小的差别。这一差别是由地球自转引起的，即地球的惯性离心力。

各种形状物体的重心位置

以对角线（或中线等）的交叉点为重心的形状主要有三角形、平行四边形、正方形、具偶数边的正多角形等。以中心点为重心的形状主要有圆、半圆、球、半球、正多面体等。图中重心用G表示。

$$G = \frac{2}{3}d$$

三角形

$$G = \frac{3}{4}d$$

圆锥

地球重力场

是指受地球重力作用的空间范围。确定地球重力场的精细结构及其随时间的变化，不仅为大地测量学中定位与描述地球表层及其内部的形态提供了信息，也为现代地球科学中解决人类面临的资源、环境和灾害等紧迫课题提供了基础信息。

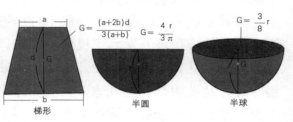

$$G = \frac{(a+2b)d}{3(a+b)}$$

梯形

$$G = \frac{4r}{3\pi}$$

半圆

$$G = \frac{3}{8}r$$

半球

重心

地面及其附近物体都会受地球引力和离心力的作用，其合力（即重力）方向大致指向地心。若物体的体积和形状都不变，则无论物体在空间中处于什么位置，其重心相对于物体的位置不变。形状规则的均质物体，其重心一定在对称面、对称轴等对称中心上。重心位置在工程上有重要意义。例如，在汽车和飞行器的设计、制造中，也须计算和测定重心位置，并严格控制重心的变动范围，以保证汽车和飞行器具有良好的动力性能。

月球

地球

月球、太阳、地球呈直角时形成小潮。

太阳

同一地点退潮时的海岸

超重和失重

超重或失重是指物体对支持物（或悬挂物）的作用力大于或小于物体所受重力的现象。物体处于超重或失重状态，并不是说物体的重力增加或减小了（甚至消失了），地球作用于物体的重力始终是存在的，而且大小也没有变化。即使是完全失重的现象，物体的重力也不会有丝毫变化。

乘坐过山车时，人们能深刻地体验到超重和失重的感觉。

浮出水面

—— 探索阿基米德定律 ——

1997年1月28日，沉入武汉长江底58年之久的一代名舰——中山舰重新浮出了水面。这个庞然大物是如何重见天日的呢？原来，中山舰的打捞利用了浮力原理：工作人员将船与浮桶绑在一起，当浮桶内注满水时，船和浮桶所受的重力大于浮力；而当浮桶里的水借助于压缩空气排出时，船和浮桶所受到的浮力就大于它们所受的重力，船便随着浮桶慢慢浮起。当中山舰浮出水面后，工作人员对破损的中山舰进行了封舱堵漏，以恢复它的自浮能力。在整个打捞过程中，浮力原理的应用被开发到了极致。其实，人们对浮力的利用从古时候就已经开始了。从独木舟到潜水艇，从孔明灯到热气球，人们对浮力的利用上至天空，下至水底，无处不在。而浮力原理的发现则要归功于古希腊物理学家阿基米德。

飞行的热气球
热气球的飞行就是对气体浮力的应用。加热热气球气囊中的空气，膨胀的空气密度减小，浮力增大，热气球于是飞上天空。再通过控制热气球上携带的燃烧器点火、熄火的间隔时间，就能调整球囊温度（气体密度），从而控制热气球的上升和下降。

气体的浮力
同液体一样，在空气中的物体也会受到空气浮力的作用，因此阿基米德定律依然适用：当空气的浮力大于热气球本身的重力时，热气球就会上升。

漂浮与悬浮
物体在"漂浮"或"悬浮"时，都是静止状态，都受平衡力作用：$F_浮 = G_排$。漂浮体总有一部分体积露出液面，它的上表面一定高于液面；但悬浮体的上表面一般低于液面，最高也只能跟液面相平。

不完全适用的浮力原理
阿基米德定律中所提到的浮力是静止水对浸没或漂浮的物体的作用力。如果水相对于物体有明显的流动，此时用阿基米德定律算出的力就只是近似值，这种情形还要考虑流体动力学的效应，所遵循的规律也不仅仅是阿基米德定律。

浮力原理——阿基米德定律

阿基米德定律是：浸在液体中的物体受到向上的浮力，浮力的大小等于它排开的液体受到的重力。数学表达公式为$F_浮 = G_排$。也可以简单地说，当物体的密度大于水的密度时，物体就下沉；当物体的密度小于水的密度时，物体就漂浮；当物体的密度等于水的密度时，物体就不上浮也不下沉而是悬浮在水中。气体中的物体也受到浮力的作用，同样遵从阿基米德定律。

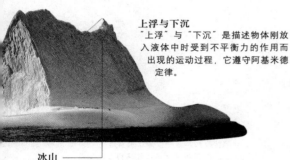

上浮与下沉
"上浮"与"下沉"是描述物体刚放入液体中时受到不平衡力的作用而出现的运动过程，它遵守阿基米德定律。

冰山
当大陆冰川运动到边缘海附近时，因为海水的顶托而发生断裂，断裂的冰体形成冰山漂浮在海面上，这时它排开水的体积等于自身的重量。

密度与浮力
浸在液体中的物体所受浮力的大小除了取决于物体所排开液体的体积外，还与液体的密度有关，而与其他因素如物体本身的形状等因素无关，也与物体全部浸入液体后的深度无关。

海中的船与河中的船
有人认为海水的密度比河水的密度大，所以船在海水中受到的浮力比在河水中受到的浮力大。这种观点其实是错误的。根据阿基米德定律，浮力的大小是由液体的密度和物体所排开的液体的体积共同决定的。因此，只有在排开相同体积的液体时，液体的密度越大，对物体产生的浮力才越大。船所排开的液体的体积是变化的，所以液体的密度大，对物体所产生的浮力不一定大。

浴缸里的发现

阿基米德是古希腊著名的物理学家。有一次，希腊国王交给阿基米德一顶王冠，让他查一查这顶王冠到底是不是纯金打造的。阿基米德日思夜想也没能想出好办法。有一天，他去澡堂洗澡，当他慢慢坐进浴缸时，水从盆边溢了出来，他望着溢出的水，突然大叫一声："我找到了！"原来阿基米德想出了办法。他先把王冠放进一个装满水的缸中，一些水溢了出来。接着他取出王冠，把水装满，再将一块与王冠一样重的金子放进水里，又有一些水溢了出来。他把两次溢出的水加以比较，发现第一次溢出的水多于第二次，于是他断定王冠中掺了其他成分。这次试验的意义远远大过查出王冠是否为纯金，其中蕴含着这样的原理：物体在液体中减轻的重量，等于它所排开液体的重量。这就是后来人们以阿基米德的名字命名的浮力原理。

新型游泳衣

救生圈虽然可以使人浮出水面，但使用它时，人在水中是站立的，这不符合游泳的姿势。后来人们发明了一种根据浮力特性研制的新型游泳衣。这种游泳衣的外形与普通游泳衣一样，但是穿上后，人体却能平躺在水上。它的奥秘在哪里呢？原来，人在水里受到两个力的作用，即人体自身的重力和水的浮力。人体重力的合力作用点在重心，浮力的合力作用点在浮心。人在腋下套上救生圈后，浮心的位置在胸部，因此人体在水中呈垂直状态。如果要使人体在水中保持水平状态，浮心的位置最好是在腹部。这种新型游泳衣不仅能使人体在水中的浮心位置移至下腹部，使人体保持水平，而且还能使人保持最理想的游泳姿势，即使人体上部的三分之一露出水面，下部的三分之二仍浸没在水中。

声音的谋杀

—— 声音的种类和特性 ——

一场风暴过后，一艘正在通过马六甲海峡的荷兰货船上的海员突然莫明其妙地全部死亡。在匈牙利鲍拉得利山洞入口处，三名旅游者突然齐刷刷地倒地，停止了呼吸，是自杀还是他杀？死因何在？这些没有征兆的惨案引起了科学家们的普遍关注。经过反复调查，制造上述惨案的"凶手"终于被查清，原来是一种当时不为人们所了解的声波——次声波。

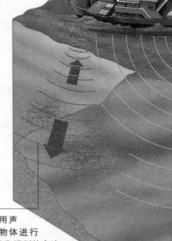

可怕的次声波
风暴与海浪摩擦，有时会产生次声波。强烈的次声波能使人的心脏及其他脏器剧烈抖动，以致血管破裂，导致人死亡。

什么是次声波

次声波是一种人耳听不到的声波。它的声波频率很低，一般在20赫兹以下，波长却很长，传播距离也很远。1960年，智利大地震产生的次声波几乎传遍了全世界的每一个角落；1961年，苏联在北极圈内进行了一次核爆炸，产生的次声波竟绕地球转了5圈之后才消失。次声虽然人耳听不到，但它却时刻在产生并威胁着人类的安全。自然界的太阳磁暴、海峡咆哮、雷鸣电闪、气压突变，工厂里机械的撞击、摩擦，军事上的原子弹、氢弹爆炸试验等，都能产生次声波。

声呐
声呐是利用声波对水下物体进行探测、定位和识别的方法及其设备。在船上装置一个发射与接收超声波的仪器，垂直地向海底发射超声波，再接收来自海底的反射波，由声波在水中的传播速度就可算出海洋的深度。用这种方法可测得几千米深度的海底，也可以用来探测鱼群和海底矿藏。

共振
次声波为什么会使人的脏器狂跳不已呢？原来，人体内脏固有的振动频率和次声频率相近似（$10^{-4} \sim 20$ 赫兹），如果外来的次声频率与体内脏器的振动频率相似，就会引起人体内脏器官的共振，从而使人产生头晕、烦躁、耳鸣、恶心、四肢麻木等一系列症状，甚至使人内脏受损而丧命。

声波的种类

声音是声波作用于人耳从而使人产生的听觉。声波按频率主要分为可听声波、次声波和超声波。次声波的频率范围为 $10^{-4} \sim 20$ 赫兹，可听声波的频率范围为 $20 \sim 2 \times 10^4$ 赫兹，超声波的频率范围为 $2 \times 10^4 \sim 10^{12}$ 赫兹，频率在 10^{12} 赫兹以上的声波称为特超声波。只有可听声波才能引起人耳的听觉。

声震
根据声学原理，一架在空中飞行的飞机会导致一种气压波的产生。当飞机飞行速度达到音速（每小时1207千米）或者超过音速时，这种气压波就会形成冲击波，当冲击波达到地面时，我们就会听到"声震"。

飞行速度低于音速。　飞行速度与音速相同。　飞行速度超过音速。

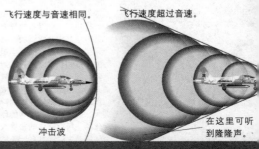

声波

冲击波

在这里可听到隆隆声。

反射

当声波在一种介质中传播，遇到的障碍物比较大（尺度至少比声波波长大5倍）时，就会发生比较明显的反射现象。这时的前进波将从障碍物表面反射回去；障碍物的反射表面越大，则反射的效率越高。

多普勒效应

在日常生活中，我们都会有这种经验：当一列鸣着汽笛的火车经过身边时，我们会感到火车汽笛的声调由高变低。为什么会发生这种现象呢？这是因为声调的高低是由声波振动频率的不同决定的：频率高，声调听起来就高；反之，声调听起来就低。这种现象称为"多普勒效应"。多普勒效应并不仅仅适用于声波，它也适用于其他类型的波，包括光波、电磁波等。

声音的传播

声音是如何传到人的耳朵里的呢？首先，声波是由物体振动产生的。在介质(空气、水、固体)中，某一质点发生的振动将带动周围质点也发生振动，并且逐渐向各个方向扩展。而频率在$20\sim2\times10^4$赫兹范围内的声波可以被人们感觉到，从而产生听觉。在这一频率范围以外的振动波就其物理特性而言与声波相似，但对人类不能引起"声音"的感觉。

干涉

在同一种介质里传播的两列波，如果它们的频率、波长相同，那么在两列波相交的区域里，由于叠加的结果，每一点的合振幅都是一定的，并且出现振动最强和最弱相互隔开来的现象，这就是波的干涉。

声音三要素

听觉的主观感受主要有响度、音调和音色三种，因为它们可以用来描述具有振幅、频率和波形三个物理量的任何复杂的声音，所以被称为"声音三要素"。

超声波

超声波是频率高于2×10^4赫兹的声波，它与次声波一样不能被人们听到。当超声波在介质中传播时，会使介质发生物理和化学的变化，从而产生一系列力学、热学、电磁学等的超声效应。平常说的"B超"就是根据人体脏腑反射的超声波进行造影，从而帮助医生诊断病人的。有趣的是，很多动物具备完善的发射和接收超声波的器官。以昆虫为食的蝙蝠，视觉很差，它们在飞行中不断发出超声波，并依靠昆虫身体的反射波来捕获猎物。海豚也有类似的超声波接收系统，这使它们能在浑浊的水中准确地定位远处鱼群的位置。

振幅

振幅是表示振动强弱的物理量，指物体振动时偏离原来位置的最大距离。声音振幅的大小决定声音响度的大小。

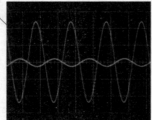

频率

频率是指物体每秒钟振动的次数。声音频率的单位用赫兹(Hz)来表示。频率高的声音音调高，听起来尖细；频率低的声音音调低，听起来低沉。

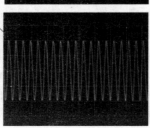

波形

波形决定音色的不同。音色用来表现不同声音的特征，它是我们分辨各种声音的依据。音色不受响度、音调的影响。不同乐器，即使发出音调、响度相同的声音，我们也很容易识别乐器的种类，这就源于音色的不同。

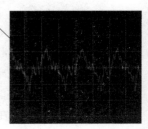

宇宙是什么颜色的

—— 光与颜色的关系 ——

宇宙是什么颜色的？为了回答这一问题，美国约翰·霍普金斯天文台的两名科学家研究了两万个星系的星光，并对它们的颜色进行了综合平衡。之后，他们得出了一个惊人的结论：从整体上看，宇宙呈现的是绿色！宇宙是绿色的？正当人们困惑之时，美国纽约曼塞尔颜色科学实验室的几位科学家，很快就指出约翰·霍普金斯天文台的科学家对宇宙颜色的判断是不准确的。

阳光透过大气层进入雨中并照在雨滴上时会发生折射，光线在通过雨滴后再次发生折射和反射，最后形成弧形的彩虹。这时的雨滴就好像一个个棱镜，将太阳的白光分解成单色光，并且从外向内按照红、橙、黄、绿、蓝、靛、紫的顺序排列。

光谱
光谱是光源所发出的光波经分光仪器分离后形成的各种不同波长光的有序排列。可见光中不同波长的单色光在视觉上表现为各种色调，如波长为710微米的可见光谱为红色，波长为590微米的可见光谱为黄色，波长为530微米的可见光谱为绿色，波长为470微米的可见光谱为蓝色等。

折射率
折射率是可见光在真空中的传播速度与其在介质中的传播速度之比。由于不同颜色光的折射率不同，也就造成了物体颜色的不同。

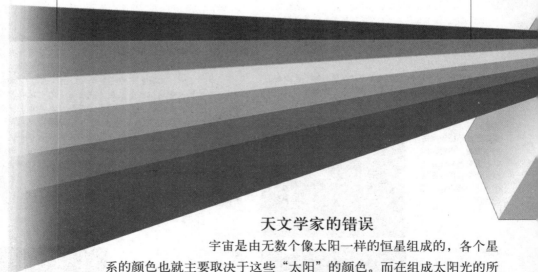

天文学家的错误

宇宙是由无数个像太阳一样的恒星组成的，各个星系的颜色也就主要取决于这些"太阳"的颜色。而在组成太阳光的所有颜色中，最为明亮的是绿色。因此两位天文台的科学家就由此得出结论：宇宙是绿色的。他们的失误在于，当大量的绿色和其他各种颜色混合时，人的视觉就会对这种混合颜色做出不同的反应。而要想在真正的意义上谈论宇宙的颜色，应该是假想观看者置身于一个黑暗的背景里，在这样的背景中，宇宙呈现出的颜色应该是米色。

太阳光的颜色

　　太阳光是什么颜色的？人们通常会说：橘黄色。但实际上太阳所发出的是一种无色的白光。当这种白光透过三棱镜后会呈现出红、橙、黄、绿、蓝、靛、紫七种颜色，这就是我们人类视觉范围内所能看到的颜色，即可见光。

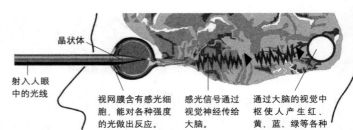

晶状体

射入人眼中的光线

视网膜含有感光细胞，能对各种强度的光做出反应。

感光信号通过视觉神经传给大脑。

通过大脑的视觉中枢使人产生红、黄、蓝、绿等各种颜色的视觉反应，此处用白色代表。

减色法

人们平时在绘画、设计、染色、粉刷中的色彩调合，都属减色法应用。与加色法混合相反，减色混合后的色料色彩不但主要特征发生变化，而且明度和纯度都会降低。所以减色法混合的颜色种类越多，色彩就越暗越浊，最后近似于黑灰的状态。

色散

太阳的白光是由红、橙、黄、绿、蓝、靛、紫七种色光组成的"复色光"。红、橙、黄、绿等色光叫做"单色光"。复色光分解为单色光而形成光谱的现象叫做光的"色散"。色散可利用棱镜等色散仪器实现：复色光进入棱镜后，由于各种单色光具有不同的折射率，它们各自的传播方向有不同程度的偏折，因而在离开棱镜时就各自分散，形成光谱。太阳光通过三棱镜后会产生自红到紫顺序排列的彩色连续光谱。

加色法

加色法混合效果是由人的视觉器官来完成的，它是一种视觉混合。加色法混合的结果是颜色各种特征被改变，明度提高而纯度并不下降。加色法混合被广泛应用于舞台灯光照明及影视、电脑设计等领域。

视觉与颜色

　　颜色不是固定不变的，大自然的色彩其实是由人的视觉器官来完成的，因此颜色是一种视觉混合。人类的视网膜中央区能分辨出各种颜色，从中央区向外，对颜色的分辨能力逐渐减弱，直到色觉消失。另外，视网膜中央部位有一层黄色素，它能降低光谱短波（如蓝色）的感受性。又因为不同人种的黄色素的密度有所不同，并且黄色素会随年龄的增加而变化——年龄大的人晶状体变黄（黄色素增多的原因）。因此，不同种族、不同年龄的人的对颜色的感受都会有所不同。

颜色加减法

　　加色法混合即色光混合，也称"第一混合"；减色法混合即色料混合，也称"第二混合"。将红、绿、蓝三种色光分别以适当比例进行混合，可以得到其他不同的色光。但是，其他色光却无法混出这三种色光来，故称这三种色光为光的"三原色"，它们相加后可得白光。在减色法混合中也有三原色，分别是黄、青和品红。而颜料的混合色与光的混合色是不同的，将减色法三原色颜料等量混合，将得到黑色。

真正的火眼金睛：T射线

—— 电磁波谱解密 ——

如果一本书被严重损坏，怎样才能在不打开它的情况下看清里面的内容呢？这就是科学界正在开垦的电磁波谱领域的最后一块处女地——T射线的功能。此外，科学家还就T射线的其他用途提出了许多建议：除了提供物体的结构图像外，还能展现炸药的成分或癌病灶的内部情景；DNA分子的旋转和振动在T射线的射程之内，因此人们可以通过它来辨别基因突变。这种强大的成像新技术将在安全、医学等领域被广泛应用。

无线电波

无线电波在电磁波谱中波长最长，可达数千米。无线电波可以分为长波、短波和微波。雷达、微波炉、电视和收音机就是利用不同波长的无线电波来工作的。

微波

微波是波长最短、频率最高的无线电波。然而，微波的波长虽短，能量却很大。通常，微波的能量如果达到每平方厘米13毫瓦，就会使人感到疲倦、情绪反常。但有效利用微波又能给人类带来方便，微波炉就是有效利用微波的典型。此外，微波还可用于卫星转发通信、接力通信、导航等领域。

微波炉

红外线

红外线的波长范围在0.7~1000微米之间，具有生热的特性。大多数物体都会发出红外线，所以利用红外线制造的夜视仪可以用在步枪的瞄准器上，并被称为"黑夜中的眼睛"。此外，红外线还可用于远距离摄影、红外线遥感等方面。

无线电收音机

远红外线

远红外线是红外线中波长最长的一段，具有较强的穿透力和辐射力，能深入人体皮下3~5厘米。由于人体发出的红外线波长处于远红外线的波长范围内，因此远红外线对治疗人类疾病有显著作用。

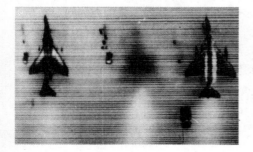

红外线摄影

为什么飞机逃脱不了导弹的袭击？这是因为飞行着的飞机发动机的排气管就是一个红外线辐射源，而装有红外线探测仪的导弹会毫不困难地发现它。虽然飞机极力想摆脱导弹，但导弹上的电子导航系统使得导弹始终咬住热源，速度低于导弹的飞机就会被击中。

T射线在哪里

红、橙、黄、绿、蓝、靛、紫，通过三棱镜人们能够看到这七色可见光。其实在可见光的两头还有人们肉眼看不见的光，红光以外有红外射线、无线电波，紫光以外有紫外射线以及X射线等，它们都已被开发和利用。但在电磁波谱的远红外线与微波之间，科学家发现还有未开垦的处女地，那就是具有超强透视功能的的T射线。

强烈的紫外线会对人体造成伤害。

紫外线
在可见光谱的紫光区外侧有一种看不见的光线——紫外线，波长在0.04~0.39微米之间，一切高温物体发出的光都含紫外线。利用紫外线很容易使照相底片感光，并能分辨出物体细微的差别；紫外线还具有消毒杀菌的作用；但强烈的紫外线照射对生物有害。

γ射线
γ射线是波长极短的电磁波，在医学上可用于透视医疗和定位肿块及杀灭病菌。

辐射
自然界中的一切物体都以电磁波的形式不停地向外传递能量，这种传递能量的方式称为辐射。以辐射的方式向四周输送的能量称辐射能。辐射能的不同，是因为电磁波的波长不同。

X射线
X射线的波长很短，大约在0.1~10纳米之间，它具有很强的穿透能力。X射线主要应用在透视、摄影和造影等技术上。虽然X射线对人类有很大的贡献，但它对病人的身体也会造成损伤：如果人受到长时间、大剂量的照射，就有可能导致白内障、绝育，甚至诱发恶性肿瘤或白血病等。

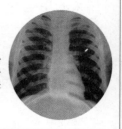

X光片
图中黑色部分代表肺，黄色部分代表心脏，粉红色的条纹代表部分脊椎骨和肋骨，绿色代表腹膜、锁骨。

电磁波谱

所有的电磁波按波长顺序排列起来就组成了电磁波谱。因为不同波长的电磁波表现出明显的差异，因此常将电磁波谱划分成若干波段。光作为一种电磁波同样具有不同的波段，按照各种光的波长由短到长的顺序可分为γ射线、X射线、紫外线、可见光、红外线与无线电波(或称射电波)。其中，无线电波又可进一步细分成微波、短波和长波，红外线有时也可细分为近红外线、远红外线与次毫米波。

X射线的发现

1894年11月8日，德国物理学家伦琴将阴极射线管放在一个黑纸袋中，然后关闭了实验室灯源。他发现当开启放电线圈电源时，一块涂有氰亚铂酸钡的荧光屏发出了荧光。他分别用一本厚书、2~3厘米厚的木板和几厘米厚的硬橡胶插在放电管和荧光屏之间，仍能看到荧光。他又用其他材料进行实验，结果表明它们也是"透明的"，铜、银、金、铂、铝等金属也能让这种射线透过。伦琴意识到这可能是某种特殊的、从来没有观察到的荧光，它具有特别强的穿透力。他一连许多天将自己关在实验室里，集中全部精力进行研究。6个星期后，伦琴确认这的确是一种新的射线。1895年12月22日，伦琴和他的夫人拍下了第一张X射线照片。

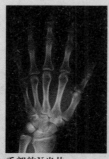

手部的X光片

运动发电的"人体电池"

—————— 电的产生、储存和应用 ——————

最近，法国科研人员从全自动手表上得到启发，发明了一种"人体电池"，即能把身体运动产生的能量转化成电能的微型装置。这个装置被固定在人的髋部，在髋部运动的作用下，一个质量为50克、两端拴有弹簧且经过磁化的惯性重块在一个10厘米长的圆筒里上下移动，圆筒的内壁上环绕着线圈。重块的运动形成感应电动势，最后被收集起来，形成电流。这种人体发电和储电装置所产生的电能足够满足各种便携电器的需要，如手机、计算器、全球定位装置等。"人体电池"虽小，但它反映出来的用电本质却没什么不同，即发电——储存——应用。

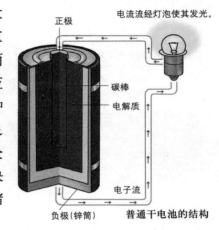

电流流经灯泡使其发光。

正极

碳棒
电解质
电子流

负极(锌筒)　　普通干电池的结构

电的产生

现在所用的电大致可以分为利用发电机发的电和化学能变成的电(如电池)两种。除此之外，还有一些正在开发的、还未被普遍应用但具有很大潜力的发电方式，如磁流体发电、太阳能发电、燃料发电等。

在磁场中转动的线圈称"转子"。

利用外力使线圈在磁场中转动。

在导线中有电流输出。

发电机发电原理
发电机是电磁感应现象最直接的应用，其发明实现了电能的大规模生产。发电机是把铜导线绕在铁辊上，由于铁辊旋转，线圈在相对强大的磁场中运动，因而切割磁力线，产生感应电动势，引起电子在电路中运动，产生电流。如果电子始终朝一个方向运动，那么发电机所发出的电就是直流电；如果电子不断改变运动方向，产生的就是交流电。

电荷
一切构成物质的原子都是由原子核和核外电子组成的，原子核带正电荷，电子带负电荷。当一个带正电荷的物体与一个带负电荷的物体相互靠近，或者用能够导电的物体把它们连接起来时，根据"同性相斥、异性相吸"的特性，电子就迅速转移到带正电荷的物体上去中和，这就是放电现象。

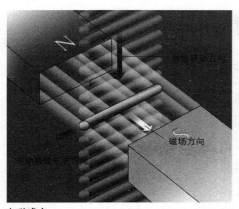

电磁感应

电磁感应就是磁生电的现象。当一根导体在磁场中沿着一定方向运动时，在导体的两头就会产生电动势，这两点的电动势不一样高，如果用导线把这两点连起来，使整个导线成为一个首尾相连的电路，那么就会有电流在里面流过。这个电动势叫感应电动势，电流叫感应电流。感应电动势的大小取决于这根导线在磁场中运动速度的大小以及磁场的强弱。

千奇百怪的电池

电池除了比较正规、被广泛利用的类型外还有各种新奇的电池。你听说过"细菌电池"吗？将一勺糖浇到手机电池上，没电的手机就又能通电了。这种细菌电池的电力来源是地下土壤中的细菌，它们可以消耗糖分，将能量转换成电力。科学家们还发明了一种以植物蛋白为能量来源的新型电池。这种电池的原理是先从菠菜叶的叶绿体中分离出多种蛋白质，然后将蛋白质铺在一层金属薄膜上，在其最上方再加一层有机导电材料，做成一个类似"三明治"的装置。当光照射到这个"三明治"时，叶绿体就进行光合作用，将光转换成能量，最终形成电流。

水果电池

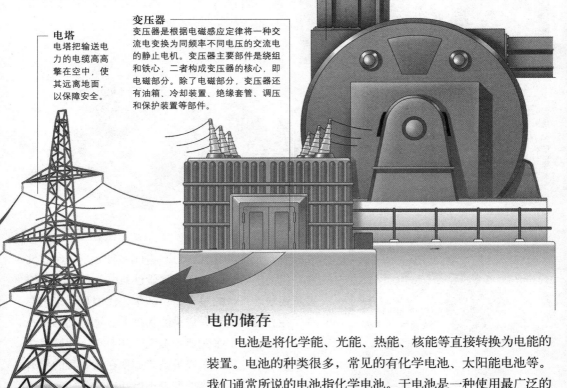

发电厂

发电厂按使用能源主要可分为火力发电厂、水力发电厂、核电厂和风力发电厂。

变压器

变压器是根据电磁感应定律将一种交流电变换为同频率不同电压的交流电的静止电机。变压器主要部件是绕组和铁心，二者构成变压器的核心，即电磁部分。除了电磁部分，变压器还有油箱、冷却装置、绝缘套管、调压和保护装置等部件。

电塔

电塔把输送电力的电缆高高擎在空中，使其远离地面，以保障安全。

电的储存

电池是将化学能、光能、热能、核能等直接转换为电能的装置。电池的种类很多，常见的有化学电池、太阳能电池等。我们通常所说的电池指化学电池。干电池是一种使用最广泛的化学电池；蓄电池通过充电将电能转变为化学能贮存起来，使用时再将化学能转变为电能释放出来，它也是一种化学电池。

点金术炼出的磷元素

—— 不断被更新的化学元素周期表 ——

公元17世纪的欧洲，炼金术十分盛行。炼金术士们疯狂地采用各种稀奇古怪的物质炼金，他们在幽暗的小屋里，口中念着咒语，在炉火里炼，在大缸中搅。1669年，德国汉堡一个叫布朗特的商人将砂、木炭、石灰等和尿混合，

加热蒸馏，虽然没有得到黄金，却意外地分离出一种像蜡一样的白色物质，这种物质在黑暗的小屋里闪闪发光。布朗特将这种新发现的物质命名为"磷"。其实除了磷以外，还有许多化学元素都是由于偶然的机会才被发现的。正是这些不断被发现的元素，才组成了意义重大的化学元素周期表。

17世纪，欧洲的炼金术士们狂热地"钻研"点石成金的方法。

人体必不可少的微量元素

人体对铁、锌、钙、锰、钼和硒等微量元素的需求量虽然极少，但它们却是维持身体健康必不可缺的物质，过多过少都会影响人体健康。血红蛋白的主要成分是铁。锌是"生命的火花"，头发、骨骼、眼睛、肝脏等都需要它。构成骨骼和牙齿的钙、参与体内代谢的锰、某些重要酶的组成元素之一——钼、具有很强抗癌作用的硒等微量元素，都对人体健康有着重要作用。

形态各异的氢

氢有三种同位素，分别为氕、氘、氚。同位素的电子数相同，所以具有相同的化学性质。氕的原子核中只有一个质子，所以，氕之间的聚变十分困难。氘的原子核中有一个质子和一个中子，比氕的原子核重一倍。氘与氧结合生成重水（氧化氘）。重水可用在热核反应堆和化学试验里。氘还被广泛用作示踪原子。氚又叫超重氢，用于热核反应堆，具有放射性。

氕原子

氘原子

氚原子

元素周期表

到19世纪60年代，已经有60多种元素先后被发现，但关于它们的物理和化学性质以及相互之间的关系还缺乏系统的整理。1869年，俄国科学家门捷列夫在总结前人研究成果的基础上经过自己的精心整理，发表了一张元素分类表；1871年，他又对此做了修订，这第二张表就是我们现在所熟知的元素周期表的前身。元素周期表不但理出了已知元素之间的复杂关系，而且还为新化学元素的发现指出了明确的方向。

元素的命名

19世纪初，随着越来越多的化学元素被发现，欧洲的化学家们开始意识到有必要统一化学元素的命名。瑞典化学家贝齐里乌斯首先提出用欧洲各国通用的拉丁文来统一命名元素，元素命名上的混乱状况由此得到改变。化学元素的拉丁文名称在命名时都有一定的含义，或是为了纪念发现地点、发现者的祖国，或是为了表示这一元素的某一特性等。在中国，翻译这些拉丁文名称时，一是沿用古代已有的名称，一是借用古字，而最多的则是另创新字。

金属元素
金属是一类具有光泽的物质，通常质地坚硬。金属的种类很多，构成金属的元素在元素周期表中占绝大多数。生活中常见的铁、金、银和铅等都属于金属。除汞（水银）外，所有金属在室温20℃以下都是固体。

非金属元素
非金属元素即室温20℃以下是气体的元素，例如氢元素和氧元素；还包括一些物质呈固体的非金属元素，例如硫元素和碘元素。

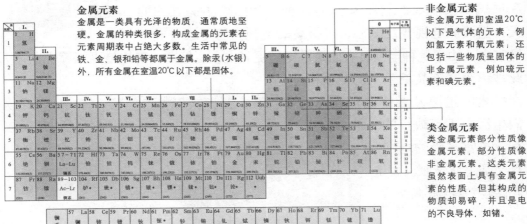

类金属元素
类金属元素部分性质像金属元素，部分性质像非金属元素。这类元素虽然表面上具有金属元素的性质，但其构成的物质却易碎，并且是电的不良导体，如锗。

普通元素
宇宙中最为常见的元素是氢和氦，它们构成了大约98%的星球物质。而在地壳内，氧的含量最大，其次是硅。在环绕地球的大气中，氮元素最多。对人体而言，碳、氢和氧是最普通的元素。所以碳、氢、氦、氮、氧、硅等都属于普通元素。

焰色反应
有些化学元素燃烧时，会产生特定颜色的火焰，一般称为"焰色反应"。这种特性可以用来检测物质的组成成分：将未知元素的化合物样品置于铂丝或石棉上，从燃烧火焰的颜色就可以鉴定出该化合物所含的元素成分。

钙　铜　钠　锂　钾　钡　铅

铂丝

本生灯（实验煤气灯）

新元素的发现极限

虽然到现在还没有发现110号及以后的元素，但却不能说新元素就不存在。化学元素周期表就是探求未知元素的指南，它可以推测未知元素的性质，以便确定研究它们的方法。要发现110号及以后的元素困难很大，但理论证明，周期表上的元素可以排到164号。尽管已经预测114号元素的化学性质类似铅，126号元素类似镧系元素，164号元素和114号元素是同系列的，但要把这张新的元素周期表填满还需要化学家们不断地进行研究探索。

卷起来的电视机

—— 电视机的发展和电视节目的录制 ——

你能想象一种屏幕可像毯子一样随意折叠、卷起来的电视机吗？这种以往在科幻片中才能看到的新型电视屏幕其实是可以实现的，它由极其轻薄的有机材料涂层和玻璃基板制成。科学家们为这种产品描绘了美好的明天：当液晶电视普及以后，可折叠的电视也将走进普通百姓家中。由于这种电视具有比液晶电视更省电、更轻薄、对比度更强等优点，因此被称为"液晶杀手"。电视机生产技术的迅速发展使电视成为人们生活中不可缺少的一部分。那么，丰富多彩的电视节目又是怎样录制、成像并被我们看到的呢？

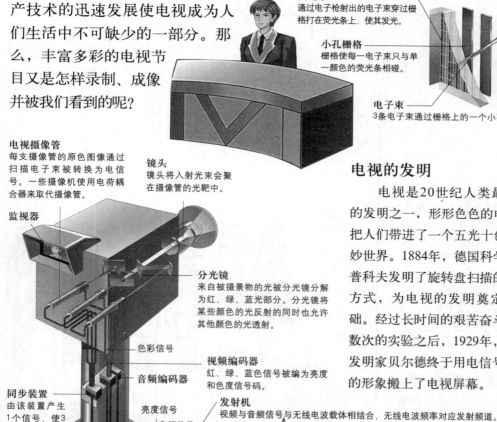

荧光条
通过电子枪射出的电子束穿过栅格打在荧光条上，使其发光。

小孔栅格
栅格使每一电子束只与单一颜色的荧光条相碰。

电子束
3条电子束通过栅格上的一个小孔。

电视摄像管
每支摄像管的原色图像通过扫描电子束被转换为电信号。一些摄像机使用电荷耦合器来取代摄像管。

镜头
镜头将入射光束会聚在摄像管的光靶中。

监视器

分光镜
来自被摄景物的光被分光镜分解为红、绿、蓝光部分。分光镜将某些颜色的光反射的同时也允许其他颜色的光透射。

色彩信号

视频编码器
红、绿、蓝色信号被编为亮度和色度信号码。

音频编码器

同步装置
由该装置产生1个信号，使3支摄像管的扫描保持同步。

亮度信号

音频信号

发射机
视频与音频信号与无线电波载体相结合，无线电波频率对应发射频道。

传播信号

同步信号

电视摄像机

色度信号

电视的发明

电视是20世纪人类最伟大的发明之一，形形色色的电视，把人们带进了一个五光十色的奇妙世界。1884年，德国科学家尼普科夫发明了旋转盘扫描的传播方式，为电视的发明奠定了基础。经过长时间的艰苦奋斗和无数次的实验之后，1929年，英国发明家贝尔德终于用电信号将人的形象搬上了电视屏幕。

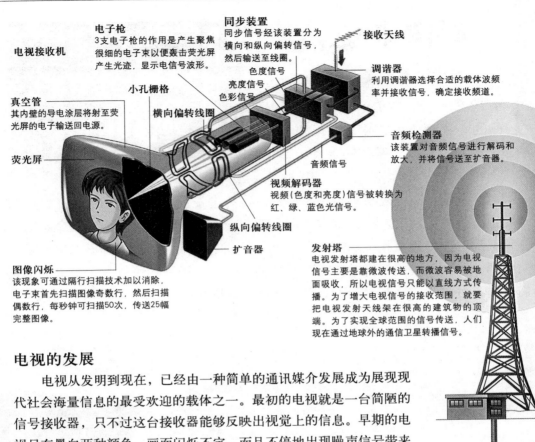

电子枪
3支电子枪的作用是产生聚焦很细的电子束以便轰击荧光屏产生光迹，显示电信号波形。

同步装置
同步信号经该装置分为横向和纵向偏转信号，然后输送至线圈。

接收天线

电视接收机

调谐器
利用调谐器选择合适的载体波频率并接收信号，确定接收频道。

色度信号
亮度信号
色彩信号

真空管
其内壁的导电涂层将射至荧光屏的电子输送回电源。

小孔栅格

横向偏转线圈

音频检测器
该装置对音频信号进行解码和放大，并将信号送至扩音器。

荧光屏

音频信号

视频解码器
视频（色度和亮度）信号被转换为红、绿、蓝色光信号。

纵向偏转线圈

扩音器

图像闪烁
该现象可通过隔行扫描技术加以消除，电子束首先扫描图像奇数行，然后扫描偶数行，每秒钟可扫描50次，传送25幅完整图像。

发射塔
电视发射塔都建在很高的地方，因为电视信号主要是靠微波传送，而微波容易被地面吸收，所以电视信号只能以直线方式传播。为了增大电视信号的接收范围，就要把电视发射天线架在很高的建筑物的顶端。为了实现全球范围的信号传送，人们现在通过地球外的通信卫星转播信号。

电视的发展

电视从发明到现在，已经由一种简单的通讯媒介发展成为展现现代社会海量信息的最受欢迎的载体之一。最初的电视就是一台简陋的信号接收器，只不过这台接收器能够反映出视觉上的信息。早期的电视只有黑白两种颜色，画面闪烁不定，而且不停地出现噪声信号带来的雪花斑点。到如今，彩色、纯平、背投、数字电视等电视技术的发展和使用已将人们带入声色体验的新领域。

收视率

收视率是指在一定时段内收看某一节目的人数（或家户数）占全体观众总人数(或总家户数)的百分比。收视率数据的采集方法主要有两种：日记法和人员测量仪法。日记法是指通过让由样本户中所有4岁以上家庭成员填写日记卡来收集收视信息的方法。人员测量仪法是国际上比较新的收视调查手段，样本家庭的每个成员在手控器上都有自己的按钮，而且还留有客人的按钮；当家庭成员开始看电视时，必须先按一下手控器上代表自己的按钮，不看电视时，再按一下这个按钮；测量仪会把收看电视的所有信息以分钟为时间段(甚至可以精确到秒)储存下来，然后通过电话线传送到总部的中心计算机进行集中统计。

放大器
放大器能通过并放大宽频信号。在放大器输入端接受讯号，并在输出端产生较高准位有少许失真的相同信号。

调制器
电视调制器可将摄像机、录像机、卫星电视解调器输出的视频信号和音频信号转换成高频全电视信号，并通过电缆电视系统反馈给电视机。

振荡器
振荡器输出载波信号，传输给调制器。

影像盛宴

—— 探索电影的奥秘 ——

1872年的一天，在美国加利福尼亚州的一个酒店里，州长斯坦福与酒店老板科恩发生了激烈的争执：马奔跑时蹄子是否都着地？为了解决这

由麦布里奇拍摄的连续照片中可以看出：奔跑的马在一瞬间确实是四蹄腾空的。

一问题，英国摄影师麦布里奇在跑道的一边并排安置了24架照相机；在跑道的另一边，他打了24个木桩，每根木桩上都系上一根细绳，这些细绳横穿跑道，分别系到对面每架照相机的快门上。当马经过跑道时，依次把24根引线挣断，引线牵引对面24架照相机的快门，于是拍下了24张连贯的照片，麦布里奇把它们串成一组照片，从而揭示了谜底，结束了争执。

遮光器
遮光器中主叶的作用是在影片更换画幅时，挡住射向片门的光线，遮光一次，使人们看不到影片更换时走动的痕迹；副叶的作用是当画幅停留在片门中时，再遮光一次，可把每格画幅分两次映出，提高闪烁频率，减少人眼观察银幕时由于明暗变化频率太低所产生的闪动感。

片门
片门的作用是使每格画幅停留在一个严格确定的位置上，并以一定的面积接受光线照射。在放映过程中，如果影片画幅没有正对片门孔，可通过调节画幅的旋钮来对正。影片在片门中做一停一动的间歇运动。

输片滑轮
滑轮用来改变影片的移动方向，限定影片位置，稳定影片移动速度和减缓影片的震动。

供片装置
供片装置用来支撑供片盘，将胶片均匀地供给输片部分，并给供片盘以适当的阻力矩，不使其因惯性而自由转动。收片盘收卷已放映过的影片，常采用摩擦传动方式传递动力。

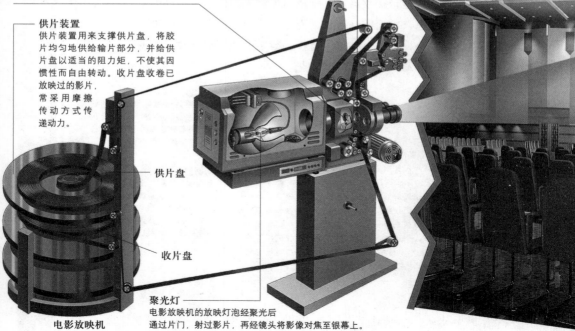

供片盘

收片盘

电影放映机

聚光灯
电影放映机的放映灯泡经聚光后通过片门，射过影片，再经镜头将影像对焦至银幕上。

电影的诞生

电影的诞生可以说十分偶然。当麦布里奇不知多少次地展示那条录有奔马形象的照片带时，有人无意中快速牵动了照片带，结果出现了一幕奇异的景象：各张照片中那些静止的马叠成了一匹正在奔跑的马！这一现象引起了人们的关注。生物学家马莱经过不懈努力，终于在1888年制造出了一种轻便的"固定底片连续摄影机"，这就是现代摄影机的鼻祖。此后，许多发明家将眼光投向了电影摄影机的研制上。1895年12月28日，法国人卢米埃尔兄弟在巴黎的"大咖啡馆"第一次用自己发明的放映摄影兼用机放映了《工厂的大门》《婴儿的午餐》等影片，这标志着电影的正式诞生。

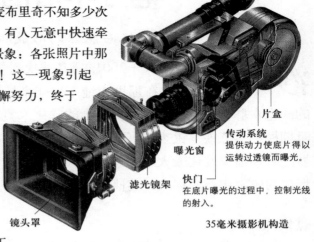

观景窗

片盒

传动系统
提供动力使底片得以运转过透镜而曝光。

曝光窗

快门
在底片曝光的过程中，控制光线的射入。

滤光镜架

镜头罩

35毫米摄影机构造

电影摄影机

电影摄影机的结构一般分为片盒、传动系统、片门/爪头、快门、观景窗、镜头和镜座等部分。电影摄影机的类型根据需要分为手提和固定两种；根据规格又分为8毫米、16毫米、35毫米、70毫米摄影机；根据特殊和特技摄影的要求还可分为高速摄影机、立体摄影机、全景摄影机等。

从无声无色到有声有色

电影从黑白、无声到彩色、有声，从小银幕电影到立体电影、宽银幕电影，再到数字电影，不断地进行着技术革新与改造。目前的许多电影仍用把影像记录到胶卷上的摄影机来拍摄。胶卷经过冲洗后，再用放映机来运行胶卷。放映机可以发出光线，透过胶卷，影像就显示在银幕上了。

而数字电影则可以用数码放映机来放映，也可以把数码影像转置到传统的胶片上，通过传统放映机放映。

黑白电影明星——卓别林

亿万年后的燃烧

—— 化石能源的形成和利用 ——

沙漠联合科考探险队于2001年6月首次对新疆维吾尔族自治区的奇台硅化木园进行勘探，在那里的地下1～6米处发现了大量距今1.7亿～1.5亿年的硅化木群，这可能是世界上最大的硅化木集群。硅化木又称石树，是侏罗纪时期松柏、苏铁、银杏、真蕨、种子蕨等15种以上古乔木的遗骸。它可能是侏罗纪时期地壳变化或火山爆发时将大片森林掩埋在下面，经过上亿年的演化而形成的树木化石。那么，其他没有形成化石的树木又以何种形态保存下来呢？

煤炭的形成

　　远古植物的大部分遗体都在地表被微生物分解了。但是，也有一部分植物遗体被泥土掩埋，由于它们与氧隔绝开来，在岩层的压力和地热的作用下，其中一部分逐渐石化，它们的炭质部分形成植物化石。此后由于地壳的不断运动，已经形成的植物化石常常会随着外部环境的变化而被埋得更深，于是在厌氧菌的作用下其炭质部分(如碳酸钙)又被还原，成为暗色的富炭物质，也就是煤炭。不过由植物化石还原成的煤炭只占一小部分，大部分埋在地下深处的植物遗骸首先形成多水和富含腐殖酸的腐殖质，即泥炭；然后随着温度的不断升高、压力的不断增大，泥炭逐渐失水、固结，含碳量相对增高，煤炭便形成了。

煤的形成过程

死亡的植物形成泥炭。　泥炭变化成为褐煤。　烟煤在挤压下形成。　无烟煤煤层最后形成。

石油和天然气的形成

　　化石能源除了煤炭外还包括石油和天然气。关于石油和天然气的形成有无机成因说和有机成因说两种，过去虽对此有一些争论，但目前有机成因说已被广泛承认，即认为石油和天然气是由大量有机质转化而来的。一切有机质均可作为石油形成的原始物质，包括高等植物在内。有机质中的蛋白质、脂肪和碳水化合物等都可转化为石油的组成成分。这些生物遗体和泥沙一起沉积在海、湖底部，逐渐形成有机质淤泥。沉积物中的有机质在一定的物理、化学因素和各种地质作用下最终转化为石油和天然气。

石油和天然气的形成过程

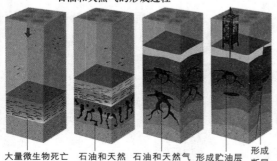

大量微生物死亡后沉积到海底。　石油和天然气形成。　石油和天然气向上移动。　形成贮油层和瓦斯层。　形成断层。

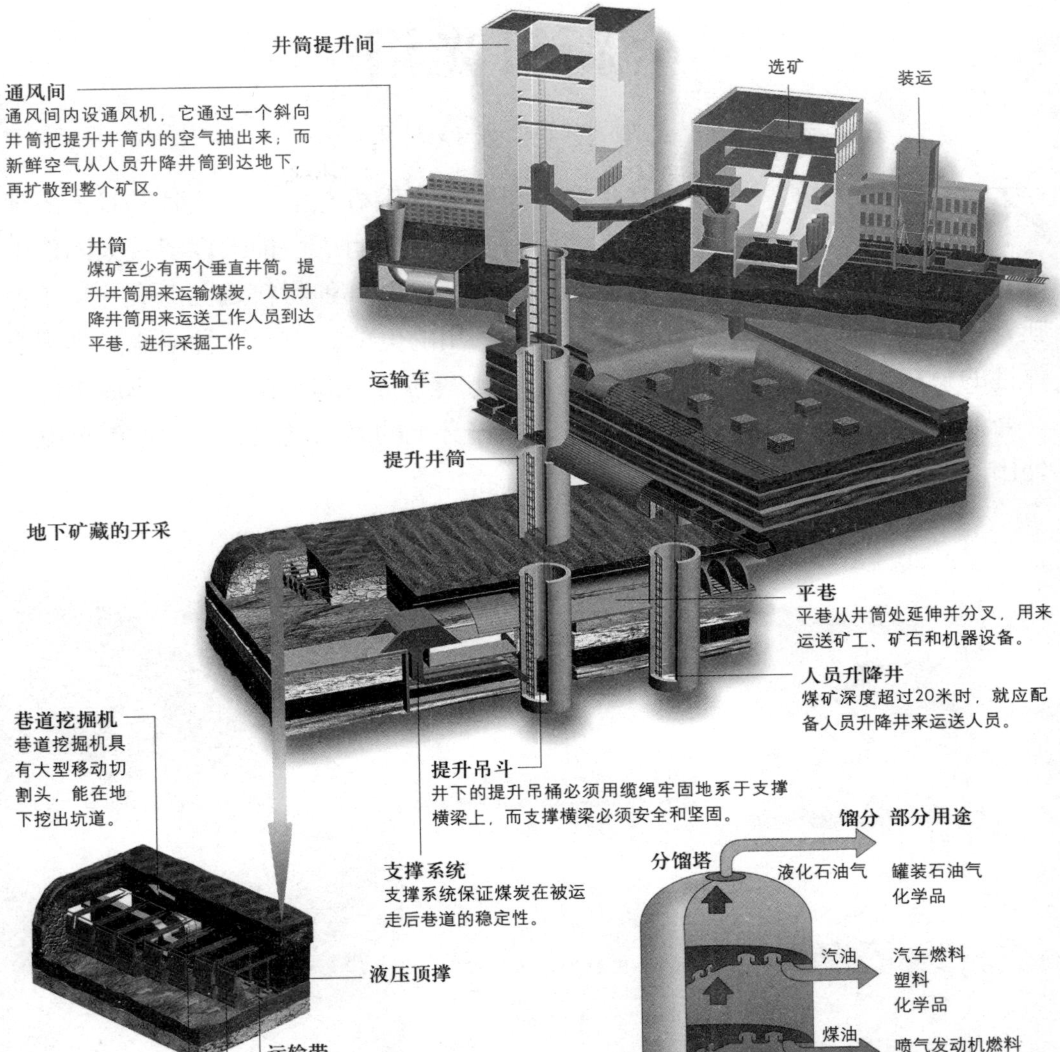

井筒提升间

选矿　装运

通风间
通风间内设通风机，它通过一个斜向井筒把提升井筒内的空气抽出来；而新鲜空气从人员升降井筒到达地下，再扩散到整个矿区。

井筒
煤矿至少有两个垂直井筒。提升井筒用来运输煤炭，人员升降井筒用来运送工作人员到达平巷，进行采掘工作。

运输车

提升井筒

地下矿藏的开采

平巷
平巷从井筒处延伸并分叉，用来运送矿工、矿石和机器设备。

人员升降井
煤矿深度超过20米时，就应配备人员升降井来运送人员。

巷道挖掘机
巷道挖掘机具有大型移动切割头，能在地下挖出坑道。

提升吊斗 井下的提升吊桶必须用缆绳牢固地系于支撑横梁上，而支撑横梁必须安全和坚固。

支撑系统
支撑系统保证煤炭在被运走后巷道的稳定性。

液压顶撑

旋转式切割头

运输带
运输带把煤炭运到料斗里，再通过提升井筒运到地面。

移动式支撑

馏分　部分用途

分馏塔

液化石油气　罐装石油气 化学品

汽油　汽车燃料 塑料 化学品

煤油　喷气发动机燃料 煤油炉燃料

柴油　货车和公共汽车燃料 中央暖气系统燃料

重油　润滑油 蜡、蜡表层擦亮剂 化学品

发电站燃料

热的原油

蒸汽

裂炼

残余物　铺修路和屋顶的沥青

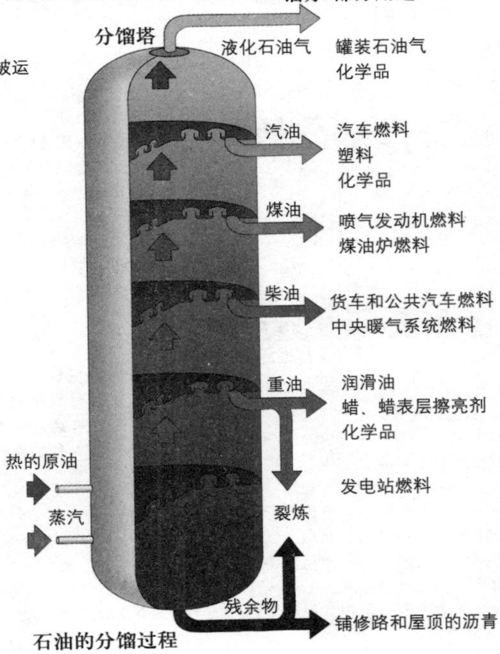

石油的分馏过程

即将枯竭的化石能源

　　煤炭、石油与天然气共占全球正在使用能源总量的85%以上。资料显示：在技术与成本的限制下，预计世界石油蕴藏量只可再开采40年，天然气可开采62年，煤炭可开采230年。可以看出，现在全世界依赖最深的主要能源——石油及天然气，在21世纪的前半叶就将趋于枯竭。因此，风能、生物质能、太阳能等可再生能源以及各种新能源的开发利用日显重要起来。

全新日光浴

—— 太阳能的开发和利用 ——

不久之后，我们就可以用身上穿的衣服来为手机充电了，这时的日光浴便多了一层别样的意味。这是因为科研人员发明了一种柔性塑胶太阳能电池，这种电池能利用阳光中的红外线，在布、纸和其他材料表面形成一层柔性膜，这层膜可以把30%的太阳能转化为可利用的电能。由于这种电池能利用有弹性的材料来转化太阳能，因此可以把它与其他材料编织在一起，形成类似现在合成纤维的材料，然后把它做成可以穿在身上的太阳能板。这样你就可以在外出散步时为手机充电了。

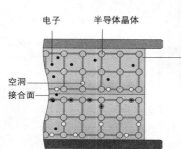

电子　半导体晶体　空洞　接合面

太阳光　电子进入电路。　电流　负载　电子穿过接合面。

太阳能电池工作原理

当太阳光照射到半导体上时，接受到阳光照射的电子就会变得活跃起来，从而脱离周围的电子。它们原来占有的地方就会形成一些"空洞"。这时，位于两个电极之间的电场就把带有负电荷的电子带到电池的一端，带有正电荷的空洞就移动到相反的一端，从而形成电流。

太阳能电池的构造

一般的太阳能电池用两层半导体硅做成一个层状结构：将较薄的N型半导体置于较厚的P型半导体上，两者相结合。

光伏效应

早在1839年，法国科学家贝克雷尔就发现，光照能使半导体材料的不同部位之间产生电位差。这种现象后来被称为"光生伏打效应"，简称"光伏效应"。1954年，美国科学家恰宾和皮尔松首次制成了实用的单晶硅太阳能电池，实现了将太阳光能转换为电能的实用光伏发电技术。

半导体材料

硅是最理想的太阳能电池材料，其中的单晶硅太阳能电池转换效率最高，技术也最为成熟，光电转化效率可达23.3%。

非晶硅

要做成硅太阳能电池，必须在硅片表面附一层掺有不同杂质的薄膜以形成P-N结构。由于硅单晶的尺寸受到制造设备等因素的制约，所以目前最有吸引力的是制作非晶硅太阳能电池。非晶硅即半导体玻璃，其制造工艺比较简单，也可制造出很大尺寸的薄膜材料，适合于工业化大规模生产，因而显示出巨大的应用前景。

从光能到电能

当太阳光照射P-N结构的半导体时，光子所提供的能量会把半导体中的电子激发出来，产生"电子-电洞"对，电子与电洞均会受到内建电位的影响，电洞往电场的方向移动，而电子则往相反的方向移动。如果我们用导线将此太阳电池与一负载连接起来，形成一个回路，就会有电流流过负载，光能便转换成了电能。

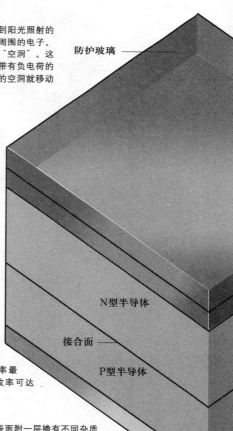

防护玻璃

N型半导体

接合面

P型半导体

太阳能电池

在将太阳能转化成电能的过程中，最核心的装置还是太阳能电池。可以说，太阳能电池的开发、生产直接影响着太阳能发电的前景。太阳能电池又称"光电池"，是一种把太阳能直接转变为电能的半导体元件。半导体材料有一种效应叫做"光生伏打效应"，即当半导体材料受到光照时，其内的电荷分布状态发生变化，半导体两端会产生电位差，继而产生电流。

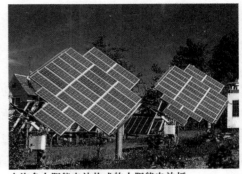

由许多太阳能电池构成的太阳能电池板

建筑中的太阳能

目前，太阳能技术在建筑中的应用主要包括：提供生活热水、采暖及太阳光伏发电技术的应用。其中，太阳能热水器最为人们所熟悉。据估算，每平方米太阳能热水器年平均节煤150千克，节电450千瓦，减排二氧化碳100千克。太阳能建筑中的采暖主要包括主动采暖空调技术与被动太阳房采暖技术，前者将太阳能热水器与溴化锂制冷机结合，实施冬季采暖和夏季制冷；而被动太阳房是一种将太阳能采暖技术和节能技术相结合的综合节能建筑，目前主要应用于学校、商店、农村住宅中。太阳光伏发电在建筑中的应用主要是照明和通讯。

负电极

正电极

太阳能电站
这是世界上第一座太阳能发电站，1969年建于法国的奥黛罗市。它利用反射的太阳光把水烧至沸腾，然后再用水蒸气推动汽轮机来发电。

这个巨大的镜面是内向弯曲的，照在它上面的太阳光，都反射到水塔顶的一个小点上。

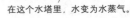

在这个水塔里，水变为水蒸气。

太空帆船

自从人类能够进行太空飞行以来，用作飞行动力的只有火箭发动机。而现在，人类找到了克服地球强大引力的新途径。俄罗斯于2003年8月发射了一艘特别的太空飞船——"宇宙1号"太空帆船。这次试验性发射的目的在于检测借助太阳光的压力控制航天器飞行的可行性。"宇宙1号"是第一艘没有使用发动机的太空船，升空后完全依靠太阳能获得动力。在没有空气阻力的宇宙空间里，太阳光子会连续撞击"宇宙1号"的太阳能帆，使太阳能帆获得的动量逐渐增加，从而形成加速度。太阳光正作为一种新能源在星际旅行方面发挥着巨大作用，因此专家预计太阳能有一天将超越传统的火箭发动机，成为宇宙飞船的主要动力源。

太阳能在资源日渐匮乏的今天越来越被广泛地使用。图为美国宇航局"水手10号"宇宙飞船的太阳能电池装置。

魔鬼与天使

——— 核能利弊谈 ———

核爆炸

1908年6月的一个清晨，位于西伯利亚中部通古斯河上游瓦纳瓦拉镇以北50千米的密林上空，突然出现了一个比太阳还亮的巨大火球。这个火球撞击地面后，蘑菇状的烟云冲到19千米的高空，同时伴随着天崩地裂的巨响，大地剧烈颤抖起来。随后是冲击波夹着狂风把方圆30千米的森林夷为平地，远在400千米外的屋顶都被掀走；森林中的树木被烧着，动物被烧焦。当时，世界各地的地震仪、地磁仪都记录到了这一十分反常的数据突变。据估计，这次爆炸的威力相当于1000万吨级核爆炸。通古斯大爆炸起因虽然至今尚未定论，但人们将此次爆炸的威力与核能紧密联系了起来，这是因为核爆炸是目前人们所能知道的最具威力的能量释放。

核能的产生

核能又称"原子能"，是指在核反应过程中，原子核结构发生变化而释放出的巨大能量。核能主要包括由核裂变产生的能源和核聚变产生的能源。核裂变反应是将较重的原子核打碎，使其不断分裂，释放出大量的能量。现在各国所建造的核电站，就是采用这种核裂变反应原理，原子弹爆炸也是核裂变反应产生的结果。核聚变反应是把两种较轻的原子核聚合成一个较重的原子核，从而释放出大量的能量，氢弹爆炸就属于这种核反应。这两种核反应都是核燃料通过核反应堆所产生的。

选址
核电站在选址方面有极严格的要求，既要预防地震、洪水等危害及其他意外事故，还要注意风向。

核电站

核电站是指利用核反应堆作为热源，从中产生高温高压蒸汽，从而驱动发电机发电的工厂。它的发电方式与火电厂相似，只是所用燃料不同：火电厂用煤、石油、天然气等化石燃料，而核电站用核燃料。核电站主要由核岛、常规岛、配套设施等部分组成。

核能的安全防护

由于核能具有放射性，因此核电站的安全防护显得格外重要。安全防护主要是将核燃料及其产物严密禁锢在三道屏障内：第一层屏障是核燃料元件包壳，由锆合金管或不锈钢制成，核燃料元件（通常是棒状）被密封于包壳内；第二层屏障是压力壳，壳体为一层厚合金钢板，压力壳需能承受17.7兆帕的压力和350℃的温度；第三层屏障是安全壳，即反应堆厂房，是一座顶部呈球形的预应力钢筋混凝土建筑物，其壁厚约1米，内衬6～7毫米钢板。

控制调节系统

链式反应的速度很快，如果不加以控制，在极短的时间内将释放巨大的能量使核燃料爆炸。因此控制调节系统是反应堆中的关键部分。当反应强烈时，反应堆中的控制棒将插入得深一些，使链式反应减慢；反之，将控制棒向外拉出一些，反应速度将加快。

反应堆

反应堆中释放出的能量绝大部分转换为热能。堆中的温度很高，通常利用普通水、液态金属钠等做冷却剂，将堆中的热量输送出来，再通过热交换装置把水变成高压高温的蒸汽，用来推动汽轮机发电；而冷却下来的冷却剂又压回堆中继续使用。

核裂变反应

重金属元素铀235的原子核吸收一个中子后产生核反应，使这个重原子核分裂成两个（极少情况下会是3个）更轻的原子核以及两个自由中子，并释放出能量；这两个中子又能引起其他铀核分裂，产生更多的中子，分裂更多的铀核，这一过程称为核裂变。这样形成的链式反应可在瞬间把铀全部分裂，同时释放出巨大的能量。

核岛

核岛是电站的核心，它的主要部件包括核反应堆、蒸汽发生器、主循环泵、稳压器和主冷却剂四路系统，均置于安全壳内。核电站发电所用的高温高压蒸汽即在核岛内产生。

安全壳

保护层

原子核裂变时，不仅放出中子，还要放射出大量的射线。为了防止这些射线对人体的危害，反应堆外层通常筑有很厚的混凝土保护层。

中子

铀核

核原料

大多数元素是稳定的，但在某些重原子核中，核力的控制能力弱，元素难以稳定，比如铀。

核裂变反应示意图

常规岛

常规岛是电站的发电部分，主要有汽轮发电机组和输变电系统。它们将电站所发电能送至电力系统。

变压器

配套设施

核电站的配套设施主要有反应控制系统和紧急停堆系统、安全壳喷淋系统、容积控制系统和化学控制系统等，其主要功能是保障核电站及周围环境的安全。

核能火箭

核能在航空方面的应用主要体现在核动力火箭上。核火箭发动机依靠核燃料裂变产生的巨大热能，将推进剂加热到极高温度（4000℃以上），推进剂由此获得动能，推动火箭高速飞行。由于核燃料体积小、发热量大，化学燃料根本不能与之抗衡。带足燃料的核动力火箭载着宇航员离开地球轨道，飞向遥远的星球，在完成考察任务后返回等候在轨道上的母船，对接后重返地球轨道。核火箭在地球轨道和遥远星球之间往返运行，可以长期肩负星际航行的任务而无须返回地面。

天涯咫尺

———— 探索电话的发展历程 ————

目前，英国伦敦正掀起一场电话亭革命。随着移动电话的发展，伦敦电话亭近年来生意惨淡。鉴于此，英国电话公司的发言人表示：在未来，电话亭将有很大改变，亭中不再有电话筒，而以建立在墙上的视觉画面接收器取而代之；电话亭墙上的大荧光幕可以呈现各种虚拟环境；电话亭的地面设计成步行机，让用户在立体虚拟的环境中自由步行，而四周的环境会随用户步行而自动改变。这种"声色大餐"其实代表着电话发展的方向——多媒体技术的参与。

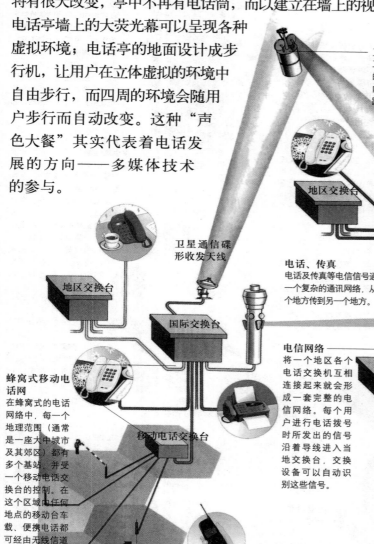

卫星通信
卫星通信是利用人造地球卫星作为中继站的微波通信。卫星通信可以在大面积范围内进行高质量的通信，它已经成为全球远距离通信和洲际通信的重要手段之一。

接收信号
这台碟形天线接收来自卫星的无线电波，并把信息输送到交换台。

国际交换台

地区交换台

卫星通信碟形收发天线

地区交换台

国际交换台

电话、传真
电话及传真等电信信号通过一个复杂的通讯网络，从一个地方传到另一个地方。

微波通信
20世纪40年代微波被发现，由于微波不能从电离层折射，但可以穿过电离层沿直线传播，于是人们开发了多路无线接力通信。这种微波接力通信还可以用来传送彩色电视信号。

微波通信塔

地区交换台

电信网络
将一个地区各个电话交换机互相连接起来就会形成一套完整的电信网络。每个用户进行电话拨号时所发出的信号沿着导线进入当地交换台，交换设备可以自动识别这些信号。

蜂窝式移动电话网
在蜂窝式的电话网络中，每一个地理范围（通常是一座大中城市及其郊区）都有多个基站，并受一个移动电话交换台的控制。在这个区域内任何地点的移动台车载、便携电话都可经由无线信道和交换机连接公用电话网，真正实现随时随地的通信联络。

移动电话交换台

移动电话
移动电话会发射无线电波（也称为射频能量）。这些无线电波可被距离最近的基站接收，一旦基站接收到移动电话传来的无线电波，就会将其传输到交换台，交换台根据当前呼叫的类型将呼叫转接到另一个基站或固定电话线网络，从而实现通话。

地区发射台

无线电通信
无线电通信虽是1895年发明的，但无线电话却是在20世纪初发明了真空三极管之后才出现的。

早期电话

在电话诞生以后的一百多年里，与之相关的电话通信事业发展之迅猛令其他产业望尘莫及。让我们从头看看电话是如何改变人们生活的吧。1876年，美国人贝尔发明了电话，就此开始了电话突飞猛进的发展，人们深刻地感觉到世界变小了。早期电话属于人工交换式电话机，它由通话、信号发送和信号接收三部分组成，其内部通话电路由送话器、受话器、电感线圈、干电池等构成；信号发送功能由手摇发电机完成；信号接收部分则由交流铃碗实现。

早期电话

一次性手机

尽管大部分手机生产厂商认为手机的功能应该朝着越全面越好的方向发展，但也有一些手机厂商对此并不认同。他们开始开发一些功能简单的手机，这种低成本、简化功能的一次性新型手机很有可能为日趋饱和的手机市场带来新的商机。与传统手机不同的是，一次性手机的设计十分简洁，它没有显示屏和数字键盘，拨号用语音实现，不使用SIM卡，而是由信用卡购买一定的话费，当通话时间达到后便可以丢弃。

从"有线"到"无线"

无线电话是20世纪的重大发明。简单地说，有线电话的工作原理是将声音信号转换成电信号，借助电话线来传送，然后在接收端将电信号再还原成原来的声音信号。而无线电话不需要借助电话线，它是利用无线电波的特性进行通信的。20世纪70年代后期出现的蜂窝式移动电话系统是无线电话的重大进展，这一技术迅速被世界各国投入使用。20世纪90年代，覆盖整个地球的卫星通信将用户在任何时间、任何地点与任何人进行通信的"个人通信"梦想变成现实。

固定话机的话筒和听筒

振动膜
话筒和听筒都有振动膜。讲话人的声音使振动膜发生振动，振动通过话筒中的送话器将声音转变成电信号，传到受话人电话的听筒中。听筒里的振动膜接收到传输来的电信号，并使之在空气中形成声波。

听筒
配线线圈
电磁铁
电话机振动
碳粒
话筒

拨号
电话拨号有两种方式，一种是通过简单的脉冲信号，另一种是音调信号，它们都会沿电线传送出去。

从"模拟"走向"数字"

因为传送说话声音的电信号是"模仿"说话人的声音变化的，所以过去的电话属于模拟通信。随着计算机技术、数字信号处理技术的日益发展，电话通信技术也在一步步地向数字化的方向发展。这种电话的数字化就是在电话传送时先把模拟的电话信号变换成数字信号，在接收时再把数字信号恢复成模拟信号。电话通信数字化后，电话网不仅可以通话，而且可以在数字化的电话网中传送各种通信信息，使电话网成为"综合业务数字网"（简称ISDN）。这是20世纪电信业的一大成就。

开会用的影像电话

拥有智能汽车的日子

—— 日益先进的汽车技术 ——

在仪表盘上输入目的地，将自动驾驶设置在70英里，你就可以舒舒服服地睡上一觉了。偶尔你会瞟一眼仪表盘，说一句："交通。"显示器立刻显现出方圆10千米内的交通流量情况。清晨拥挤的车流也不会让你感到头疼，你说声："重新设置路线。"显示器马上自动出现了另外几条路线供你选择。这时，一辆大型拖车突然变线驶进你的车道，车载雷达系统及时发现险情，汽车自动减速，使你与拖车保持着适当的距离。这是哪位司机的美梦吗？不，这是一种已部分实现的智能汽车技术。自汽车诞生以来的一百多年里，它就以其惊人的发展速度为公路交通描绘了美妙的蓝图。

概念车

汽车的安全技术

从20世纪70年代的ABS、80年代中后期的TCS技术，到90年代中期出现的VDC车辆行驶动力学调整系统，汽车安全技术一直在不断进步。ABS(Anti-Lock Braking System，防抱死制动系统)是一种防止制动过程车轮抱死的汽车主动安全装置，可提高汽车在制动过程中的方向稳定性和转向操纵能力。TCS(Traction Control System，牵引力控制系统)在ABS基础上又有扩展。当汽车在恶劣路面上行驶时，TCS可通过操纵发动机来控制车轮上的驱动力，防止车轮打滑，取得最好的驱动牵引效果。VDC(Vehicle Dynamic Control，车辆行驶动力学调整系统)是在增加汽车转向行驶时横向摆动角速度传感器的基础上，控制车轮的驱动力和制动力，确保汽车行驶的横向动力学稳定状态。

转向系
转向系由转向器和转向传动机构两部分组成。其作用是通过驾驶员转动转向盘，保持或改变汽车行驶方向，并减轻驾驶员的劳动强度。

行驶系
行驶系由车架、车桥、悬架、车轮与轮胎等部分组成。其作用是将汽车构成一个整体，支撑汽车的总质量，使汽车获得行驶的驱动力，承受并传递路面对车轮的各种反力，并与转向系配合以正确控制汽车的行驶方向。

底盘
底盘是汽车的基础。其作用是接受发动机的动力，使汽车产生运动，并保证正常行驶。它由传动系、行驶系、转向系和制动系四个部分组成。

汽车的环保、节能技术

在能源匮乏和环境恶化日益严重的今天，环保、节能型汽车相继出现。世界各国开始了大规模的环保汽车研发计划，电动车、燃气车等新型环保汽车先后投入生产。汽车的发动机向环保、节能方向发展，即在排量和油耗不变的情况下，通过应用一系列先进技术，使发动机输出更大的功率，从而解决发动机的动力性和节能性的矛盾。"环保、节能"已经成了21世纪汽车工业发展的大方向。

未来的环保节能型汽车

汽车的防盗技术

20世纪90年代，汽车的防盗技术也得到了迅速发展。数码防盗钥匙、红外线信号防盗钥匙、遥控无钥匙车门开启系统等可防止窃贼进入车内将汽车偷走。即使窃贼进入车内，也还有通过锁止方向盘，使之不能操纵汽车而防止汽车被盗的技术。车辆被盗查询技术也是汽车防盗的重要环节，这方面的技术较突出的是GPS查询技术。它不但可以追踪到被盗汽车的准确位置，还可以在地面站发出指令，利用汽车的遥控装置将汽车锁定，使车门自动关闭。

变速器
变速器的功能是改变汽车车速及牵引力，使汽车前进和倒退，在发动机不熄火的情况下切断发动机与传动系之间的动力传递。

离合器
离合器位于发动机与变速器之间的飞轮壳内，其功能是使汽车平稳起步，便于变速器换档，防止传动系过载。

制动系
制动系包括行车制动装置和驻车制动装置两套各自独立的系统。其作用是根据需要使汽车减速或在最短的距离内停车，并保证汽车停放可靠，不致自动滑溜。

发动机
发动机是汽车的动力装置。其作用是使供入其中的燃料燃烧而产生动力（将热能转变为机械能），然后通过底盘的传动系驱动车轮，使汽车行驶。发动机按工作的行程分为四冲程发动机、二冲程发动机，按燃料类型分为汽油机和柴油机。

冷却系
冷却系的作用是对发动机进行适当冷却，保证发动机在最适宜的温度状态下工作。水箱内水温在80～90℃时为宜。水温过高或过低都会造成发动机动力下降、油耗增大、使用寿命降低等不良后果。

电气设备
电气设备由电源和用电设备两大部分组成。电源部分由蓄电池、发电机组成，其作用是向汽车上的用电设备提供充足的电源；用电设备包括发动机的起动系以及照明、信号、仪表装置等。

四冲程汽油发动机工作循环
四冲程汽油发动机工作循环由吸气、压缩、做功、排气四个过程组成一个工作循环。

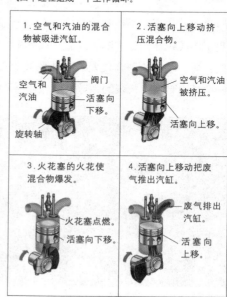

1. 空气和汽油的混合物被吸进汽缸。

空气和汽油——阀门——活塞向下移——旋转轴

2. 活塞向上移动挤压混合物。

空气和汽油被挤压。——活塞向上移。

3. 火花塞的火花使混合物爆发。

火花塞点燃。——活塞向下移。

4. 活塞向上移动把废气推出汽缸。

废气排出汽缸。——活塞向上移。

飞行中的列车

—— 神奇的磁悬浮技术 ——

没有司机，没有轮子，列车神奇地浮在轨道上，以500千米的时速飞奔前行；在车内，你只看见高架桥上的小轿车飞速地往后退；虽然轨道线路设计有很多转弯，但即使在弯得最厉害的地方，人坐在车内也没什么感觉，只是看见窗外的房子都"斜着身子"一晃而过——这就是被称为"地面飞行器"的磁悬浮列车。那么，如此神奇的磁悬浮列车究竟是一种什么样的交通工具呢？这种新型的高科技交通工具又将给我们的生活带来什么样的变化呢？现在，就让我们一起揭开磁悬浮列车的神秘面纱吧！

磁悬浮列车工作原理

磁悬浮列车是一种采用无接触电磁悬浮、导向和驱动系统的磁悬浮高速列车系统，分常导磁悬浮列车和超导磁悬浮列车。我们知道把两块磁铁相同的一极靠近，它们会排斥开来；反之，把相反的一极靠近，它们就互相吸引。托起磁悬浮列车的力其实就是这种吸引力或排斥力。国际上的磁悬浮列车有两个发展方向：一个是以德国为代表的常导吸引式悬浮系统，另一个是以日本为代表的超导排斥式悬浮系统。

磁悬浮列车是当今世界最快的地面客运交通工具，有速度快、爬坡能力强、能耗低、运行时噪音小、安全舒适、不燃油、污染少等优点，并且它采用高架方式，占地面积很小。

磁铁模块
磁铁模块堪称磁悬浮列车的灵魂部件，列车的上浮、运行和导向都将通过磁铁模块来实现。

底架
安装有导向和悬浮磁铁的底架盘悬挂在车身下方。

悬浮磁铁
安装在底架盘中的电磁铁将整个列车托离导轨。

常导磁悬浮和超导磁悬浮
在研制磁悬浮列车的世界角逐中，德国和日本是最大的竞争对手。德国采用常导磁悬浮方式，用铁芯电磁铁悬浮在车体的下方，导轨为磁铁，从而使车体浮起，这种磁悬浮列车的悬浮气隙较小，一般为10毫米左右，速度一般为每小时400~500千米；日本则采用超导磁力上浮方式，用超导磁体与轨道导体中所感应的电流之间产生的相斥力使车辆浮起，这种磁悬浮列车的悬浮气隙较大，一般为100毫米左右，速度可达每小时500千米以上。

磁悬浮列车的优越性

磁悬浮列车不同于一般轮轨粘着式铁路，它没有车轮，是借助无接触的磁浮技术使车体悬浮在导轨面上运行的铁路。磁悬浮列车没有旋转部件，靠磁力推进，时速可达500千米左右。磁悬浮高速列车的无接触技术，第一次克服了车轮、铁轨系统受到的技术限制和经济限制，因此具有高速、安全、舒适和低噪音等优点，被誉为21世纪纯净的交通运输工具。

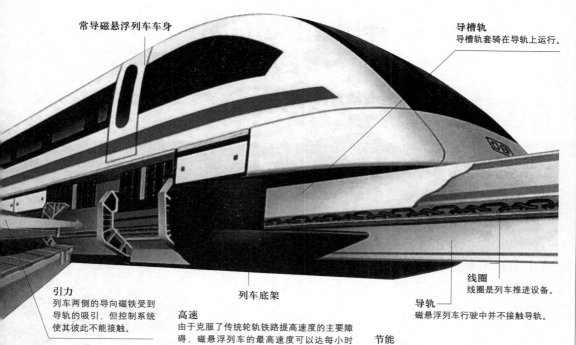

常导磁悬浮列车车身

导槽轨
导槽轨套骑在导轨上运行。

引力
列车两侧的导向磁铁受到导轨的吸引，但控制系统使其彼此不能接触。

列车底架

高速
由于克服了传统轮轨铁路提高速度的主要障碍，磁悬浮列车的最高速度可以达每小时500千米以上。

线圈
线圈是列车推进设备。

导轨
磁悬浮列车行驶中并不接触导轨。

节能
试验结果表明：在时速同为300千米时，磁悬浮列车的能量消耗只占普通轮轨列车的70%，而时速同为500千米时，磁悬浮列车的能量消耗仅为飞机能量消耗的1/3。

电磁悬浮系统
德国所采用的常导型列车从悬浮技术上讲属于电磁悬浮系统(EMS)。它是一种吸力悬浮系统，由结合在机车上的电磁铁与导轨上的铁磁轨道相互吸引产生悬浮。此外，由于悬浮和导向实际上与列车运行速度无关，所以即使在停车状态下列车仍然可以进入悬浮状态。

导向系统
导向系统保证悬浮的机车能够沿着导轨的方向运行。机车底板上的同一块电磁铁可以同时为导向系统和悬浮系统提供动力，也可以采用独立的导向系统电磁铁。

磁悬浮列车存在的问题

尽管磁悬浮列车具有上述的许多优点，但仍然存在一些不足。首先，由于磁悬浮系统是以电磁力完成悬浮、导向和驱动功能的，因此断电后磁悬浮的安全保障措施仍然没有得到完全解决。其次，常导磁悬浮技术的悬浮高度较低，因此对线路的平整度及道岔结构方面的要求很高；而超导磁悬浮技术由于涡流效应，悬浮能耗较常导悬浮技术更大，而且强磁场对人体与环境都有影响。

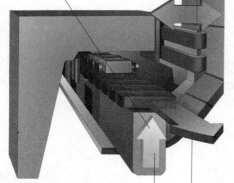

电力悬浮系统
日本所采用的超导型悬浮列车从悬浮技术上讲属于电力悬浮系统(EDS)。它将磁铁使用在运动的机车上以在导轨上产生电流。由于机车和导轨的缝隙减少时电磁斥力会增大，产生的电磁斥力就可以为机车提供稳定的支撑和导向，然而机车必须安装类似车轮一样的装置以使机车在"起飞"和"着陆"时也得到有效支撑。

推进系统
从电动机的工作原理可以知道，当做为定子的电枢线圈通电时，由于电磁感应而推动电机的转子转动。由于电磁感应作用，承载系统连同列车一起就像电机的转子一样被推动做直线运动，从而使列车在悬浮状态下可以完全实现非接触的牵引和制动。

奔驰如飞的船

—————— 船的种类及构造 ——————

在各种交通工具中，船舶航行的速度是比较慢的，大多数船只每小时只能行驶20～30千米。可是，有一种船的速度可以达到每小时100千米，这就是水翼船。水翼船的船底装有宽大扁平的水翼，就像鸭子的脚蹼。当船在水中行驶速度越来越快时，水翼会受到一种向上的升力，把整个船身都托出水面，靠水翼贴着水面滑行。使用水翼减小阻力的设想是法国人拉米斯提出来的。1905年，意大利飞艇设计师福拉尼尼建造了一艘小型水翼艇。1968年，美国洛克希德公司制造了世界上最大的水翼船，它在平静的水面上航行的速度超过了40节。

喷水推进器
水翼船采用水螺旋桨或喷水推进器来推进，航速一般为30～40节。

船舶的基本结构

一般的船舶主要由船体、动力装置和其他辅助设施组成。船体由船壳(船底及船侧)和上甲板围成具有特定形状的空心体，这是保证船舶具备所需浮力和船体强度等航海性能的关键部分。船体是由板材和型材组合而成的板架结构，可分为纵骨架式结构和横骨架式结构以及混合骨架式结构。船舶的动力装置可分为推进装置和辅助装置，由主机(如蒸汽机、汽轮机、柴油机等)、各种仪表和其他辅助设备组成。此外还包括锚等系泊设备、舵与操舵设备、救生与消防设备、通信与导航设备、照明与信号设备等。

水辗
伸出的水辗推动船体正好离开水面，这样就降低了船底与水体的摩擦，使得速度与效率大为提高。

船的稳定性

所有船舶在海浪中都要经受颠簸，因此增加船的稳定性显得尤为重要。稳定器可以减少船在波涛汹涌的海上的波动，使客轮更舒适，并防止货物晃动。下图是以救生艇为例介绍的船的稳定性与自调复位功能。

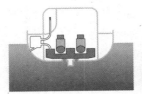

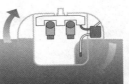

1.船的自调复位系统
许多救生艇装有充水的压载舱，利用它来增强船只稳定性。发生翻船时，随着压载舱的移动，船可自行复位。

2.船的翻滚
当船即将扣翻时，压载舱中的水流入船侧面的复位水箱。

3.船的倾覆
当船体完全扣翻时，压载舱中的水全部流入复位水箱，这部分仅在船的一侧添加的重量，迫使船体向正常位置继续转动。

4.船的自调复位
随着船体恢复至正常位置，复位水箱中的水回流至压载舱。

船舶的种类

船舶的种类繁多，可按不同标准进行划分。按用途可分为民用船舶(如客货船、打桩船等)和军用船舶(如航空母舰、护卫舰、潜艇等)；按推进动力可分为机动船(如柴油机船、燃气轮机船、核动力船等)和非机动船(如帆船等)；按航行状态可分为排水型船舶、滑行艇、水翼船和气垫船等；按船体数目可分为单体船和多体船；按船体结构材料可分为木船、钢船、铝合金船、钢丝网水泥船、玻璃钢船、橡皮艇、混合结构船等。

上升力

水翼船在水面航行，水对水翼会形成上升力。这个力量把水翼船托出水面，使它在空气中行驶，空气的阻力比水中小得多，所以水翼船要比一般的船快。

吸水口

喷水推进器在水翼船后水翼的吸水口把海水吸入，经喷水泵把海水高速喷出；船体借着海水高速喷出所产生的反作用力在水面上高速航行。

缺点

水翼船也有它的弱点。由于船体之下安装了水翼，因此不适用于浅水航道；而且水翼一般大于船宽，停靠码头也很不方便。此外，水翼船因为航速快而完全依靠助航标志导航，但助航标志在夜间难以辨认，所以水翼船一般都不夜航。

水翼

水翼船的水翼形式多样，常用的有浅浸式、梯式和深浸式等。其中，以深浸式水翼的耐波性最优，但它不具备自稳作用，需要通过自动控制系统来调整升力大小。

气垫船

一个水手创造的"节"

"节"是现在国际上通用的航海速度单位，1节=1852米/小时，关于它的由来有好几种说法。其中最有意思的是一个"抛绳计数"的故事。16世纪，海上航行十分盛行，可是由于没有记录航程的仪器，人们无法知道船舶的航行速度。有一天，一个水手想了个办法：他在船舶航行的时候，向水面抛出有绳索的浮体，然后根据一定时间里拉出的绳索长度来计算船舶速度。为了更加方便地计算船舶速度，这个水手在绳索上打了许多结，结与结之间的长度相等，所以只要计算出一定时间里放出的绳结的节数，就可以得知船舶的速度了。这种方法虽然并不精确，而且后来也有了更科学的测量方法，但"节"却作为航海速度单位沿用至今。

气垫船工作原理

气垫船有一个充气的气垫，可使船体浮出水面航行；由于水的阻力减少，因此航行速度很快。气垫船并非只是在水上浮动，它还能在沼泽或陆地上移动。

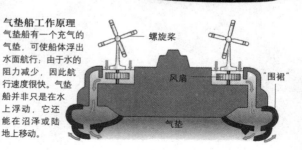

螺旋桨 / 风扇 / "围裙" / 气垫

会"呼吸"的飞机

—— 不可思议的航空器 ——

制造飞机的场景

当飞行速度超过某个数值后，飞机在温度、压力等方面就会出现极其异常的飞行环境，因此超过这一速度即被认为是"高超音速"。能够突破这种速度的发动机，便是被人们称为"能呼吸的发动机"的超音速燃料冲压式喷气发动机。简单地说，这种发动机可以吸进氧气作为一种补充动力，它与动物进行的呼吸运动非常相似。靠这种方法工作的发动机使飞机获得了无比强大的动力，同时也极大地减轻了飞机飞行时的燃料载荷。虽然此项技术还没有完全成熟，但已经向我们展示了无穷的魅力。

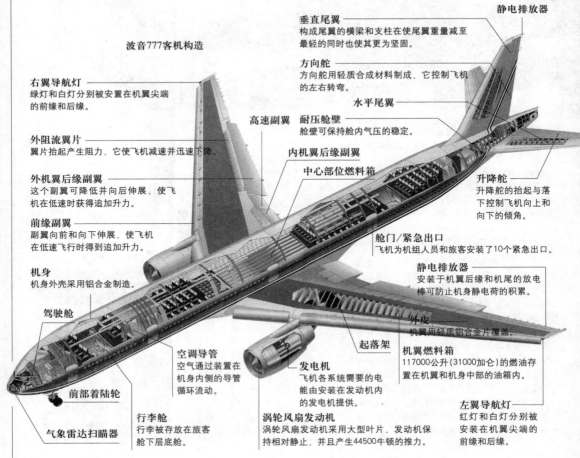

波音777客机构造

静电排放器

垂直尾翼
构成尾翼的横梁和支柱在使尾翼重量减至最轻的同时也使其更为坚固。

方向舵
方向舵用轻质合成材料制成，它控制飞机的左右转弯。

水平尾翼

耐压舱壁
舱壁可保持舱内气压的稳定。

高速副翼

内机翼后缘副翼

中心部位燃料箱

升降舵
升降舵的抬起与落下控制飞机向上和向下的倾角。

右翼导航灯
绿灯和白灯分别被安装在机翼尖端的前缘和后缘。

外阻流翼片
翼片抬起产生阻力，它使飞机减速并迅速下降。

外机翼后缘副翼
这个副翼可降低并向后伸展，使飞机在低速时获得追加升力。

前缘副翼
副翼向前和向下伸展，使飞机在低速飞行时得到追加升力。

舱门/紧急出口
飞机为机组人员和旅客安装了10个紧急出口。

静电排放器
安装于机翼后缘和机尾的放电棒可防止机身静电荷的积累。

机身
机身外壳采用铝合金制造。

外皮
机翼用轻质铝合金片覆盖。

驾驶舱

空调导管
空气通过装置在机身内侧的导管循环流动。

发电机
飞机各系统需要的电能由安装在发动机内的发电机提供。

起落架

机翼燃料箱
117000公升（31000加仑）的燃油存置在机翼和机身中部的油箱内。

左翼导航灯
红灯和白灯分别被安装在机翼尖端的前缘和后缘。

前部着陆轮

行李舱
行李被存放在旅客舱下层底舱。

涡轮风扇发动机
涡轮风扇发动机采用大型叶片，发动机保持相对静止，并且产生44500牛顿的推力。

气象雷达扫瞄器

飞机怎样飞行

　　尽管飞机的尺寸、形状与引擎不断更新变化，但现代飞机大部分还是具有相同的基本元件：机翼、机尾与起落架。飞机的发动机推动机身前进，机翼可以使飞机在空中停留。机翼呈曲线型，上表面弯曲度较大，因此机翼上面的气流速度快，使得上部的气压较低，下部气压较高，从而使飞机获得飞行需要的升力。机翼上的可移动表面也可以为飞机起飞产生更大的升力，并且在飞机飞行中形成平滑的流线型使飞机高速前进。

莱特"飞行者号"
1903年12月17日，美国的威尔伯·莱特和奥维尔·莱特兄弟俩设计制造的"飞行者号"飞机在美国北卡罗来纳州的基蒂霍克试飞成功。这是世界上公认的第一架飞上天空的可操纵载人动力飞机，在世界航空史上留下了光辉的一页。

"飞行者号"飞机

莱特公司
莱特兄弟因"飞行者号"的试飞成功，于1909年获得了美国国会荣誉奖，同年兄弟俩创办了"莱特飞机公司"。

飞机的控制

　　飞机计算机控制技术现在已被广泛应用。但计算机控制飞机也有缺点：一旦飞机控制装置出现故障或遭到破坏，驾驶员便无法操纵飞机。为了解决这一问题，科学家又研制出了确保飞行安全的另外三项技术：一是为计算机控制飞机安装多路控制系统，这样，如果一个系统出了故障，备用系统会马上派上用场；二是当飞机控制装置的部分电路出现故障时，可以将其卸下，重新组装新的控制系统；三是将用电信号传递信息、指令，改为用光信号传送，以抵抗各种因素产生的电噪音。现代飞机的制造已越来越向人性化、智能化的方向发展。

飞机驾驶舱

黑匣子

　　虽然飞机在各种交通运输工具中是安全性相对最高的，但飞行事故依然严重威胁着人们的生命安全。而且，比起其他交通工具，飞机失事中人们的生还几率是最低的。因此，今天的飞机上都安装了俗称"黑匣子"的仪器，它能记录飞机飞行时的各种数据。黑匣子受到非常好的保护，即使飞机坠毁也不能使其受到损坏。发生空难后，如果能找到它，并分析其中的飞行记录，就可以帮助人们找出事故原因，以避免同样事故的再次发生。

被复原的圣诞老人

神奇的计算机器

圣诞老人究竟长什么样呢？英国科学家通过计算机复原出了圣诞老人的原型人像——一名土耳其圣徒的脸部。这名圣徒是生活于公元4世纪的圣尼古拉斯。他60岁左右，身高1.68米，皮肤呈橄榄色，方脸庞，表情坚定，有一双炯炯有神的褐色眼睛，凸起的下巴上有短短的白色胡须，这便是人们熟知的圣诞老人的真实形象！这种计算机复原技术已被广泛运用于医学、考古等领域。其实计算机还具有许多让人们出乎意料的功能，它的神奇表现改变了人们根深蒂固的观念，影响了整个世界。

圣尼古拉斯是当时东正教的首领，在民间很有威望。在荷兰以及其他地方，12月6日是圣尼古拉斯节，荷兰移民者将这一习俗带到了美国，圣尼古拉斯便和英国的圣诞之父合而为一，成为圣诞老人，并逐渐流行开来。

寄存器部件
该部分包括通用寄存器、专用寄存器和控制寄存器。通用寄存器是中央处理器的重要组成部分，大多数指令都要访问到通用寄存器；专用寄存器是为了执行一些特殊操作而使用的寄存器；控制寄存器通常用来指示机器执行的状态。

控制部件
该部分主要负责"翻译"指令（简单指令是由3~5个微操作组成，复杂指令则要由几十个微操作甚至几百个微操作组成），并且发出用以完成每条指令所要执行的各个操作的控制信号，具有指挥微处理器执行指令操作的功能。其中主要包括：指令预取、指令译码、地址转换与管理等。

运算逻辑部件
该部分的电路元件既可以执行算术运算操作、移位操作以及逻辑操作，也可执行地址的运算和转换。

总线接口部件
该部分提供了微处理器与周围其他硬件电路的接口，它可有效地将微处理器的地址、数据、控制指令等各种信号通过总线与各有关部件接通，并在它们之间传送微处理器完成指令功能所需要的各种信号。

中央处理器（CPU）
在微型计算机（简称微机或个人计算机）中，中央处理器又被称为"微处理器"，它是机器中控制数据流动并执行指令，对计算机正在运算的一切程序做出反应的部分。

计算机的基本构造

　　不论何种计算机，它们都由硬件和软件两部分组成。硬件是计算机系统中所使用的电子线路和物理设备，是看得见、摸得着的实体，如中央处理器、存储器、外部设备(输入输出设备等)及总线等。软件是使计算机硬件系统高效率工作的程序集合，主要通过磁盘、磁带、程序纸、穿孔卡等来表现。可靠的计算机硬件如同一个人的强壮体魄，有效的软件则如同这个人的聪颖思维。

集成电路
微处理器就是一个"集成电路"，它被包容在单一的硅片上。集成电路将所有的导体和晶体管都放在微小的硅片上。

指令预取部件
该部分通过对指令进行缓存来判断如何处理收到的指令，并且在译码器和控制器进行解码和执行当前指令的时候，决定应当如何进行下一步操作，从而大大减少了CPU用来等待指令的时间。

译码部件
计算机都有自己的指令系统，对于本机指令系统的指令，计算机能识别并执行。识别就是进行译码——把代表操作的二进制码变成操作所对应的控制信号，从而进行指令要求的操作。

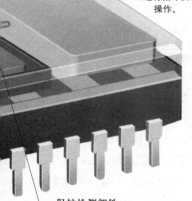

保护检测部件
该部分在程序执行过程中由微指令代码控制，用来检测指令，避免出错。

"苹果"计算机
1977年，"苹果"Ⅱ型计算机诞生，这标志着个人电脑时代的来临。它的设计者沃兹尼克因此获得了巨大的成功。

蓝色巨人
IBM公司继"苹果"Ⅱ型计算机之后大规模地进入个人计算机领域，销售上的巨大成功为它赢得了"蓝色巨人"的称号。

早期IBM个人计算机

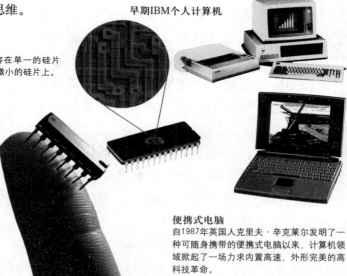

便携式电脑
自1987年英国人克里夫·辛克莱尔发明了一种可随身携带的便携式电脑以来，计算机领域掀起了一场力求内置高速、外形完美的高科技革命。

计算机的发展

　　计算机自诞生以来经历了四个发展阶段。第一阶段是从1946年到20世纪50年代末，当时的计算机以科学计算为主，所研制的都是单机系统；第二代是从20世纪50年代末到60年代中，其应用领域扩大到数据处理，开始出现操作系统，计算机由此向系列化方向发展；第三代是从20世纪60年代中到70年代初，其主机及主存储器均采用了集成电路，应用领域迅速扩大；第四代即目前被广泛使用的计算机，其系统已向网络化、开放式、分布式发展。而在未来的信息社会中将建立起和谐的人－机系统模式，人工智能技术使得计算机不仅仅是处理数据的工具，还将成为处理知识的帮手。

数字化生活

互联网时代的信息技术

"**当**您下班离开办公室的时候，您的数字个人装置会下载那些可能包括您妻子要您购买物品的清单的电子邮件。您可以利用烹制晚餐的间隙，登录到你们家族的私人站点，发现所有的亲属都在聊天室里，讨论不久的家庭聚会有什么活动可以安排。当您准备看电视时，您可以使用一种代理软件帮助选择，它会根据您的标准在数字电视数以百计的电视节目中推荐几个节目，例如您选择看西部牛仔的竞技演出，看的时候您使用一个互动式菜单切入比赛并评判输赢，而观众的打分占最后成绩的一半；又如您收看一则小汽车的广告，绝大多数观众仅仅认为它是一辆小运货车，但软件提供的统计数字会表明这辆车并不适合您家使用，您需要一辆足够全家人使用的大货车。"这是微软巨子比尔·盖茨二十多年前描述的互联网时代的日常生活，而这些现在已成为现实。

在互联网上，你可以做很多事情，比如购买东西。

什么是互联网

　　国际互联网简称互联网，又称因特网（英文Internet的译称）。全世界拥有数以亿计的计算机，每台计算机就是一个小"仓库"，每个小仓库里都存放有大大小小的"信封"，信封里都装有内容长度不等的信息。将如此众多的计算机连在一起，每个计算机还有那么多的文件，如果没有一定的规则，要互相协调工作十分困难。于是，大家制定出一个共同遵守的协议，这就是TCP/IP。它是一个真正的开放系统，是计算机之间最常应用的组网形式，也是建立互联网的基础。

广域网互连工具

当建立一个计算机广域网时，很难要求各子网及其所用的计算机都是同一种类型和结构，因此往往需要建立异构型广域网。其互连工具包括网桥、路由器、桥路由器和网关等。

互联网的种类

互联网是世界上最大的电子计算机网络，计算机网络从网络结点分布来看，可分为局域网（LAN）、广域网（WAN）和城域网（MAN）。局域网是一种在小范围内实现的计算机网络；广域网的范围可遍布于一个省、一个国家或几个国家；城域网是在一个城市内部组建的计算机信息网络，提供全市的信息服务。

浏览器

为了能够正确地打开信息资源，用户必须有一个能够识别这些信息并将其通过计算机输出设备正确显示或播放出来的软件，浏览器就是这样的一种软件。

TCP/IP协议组件的四个层次

链路层，通常包括操作系统中的设备驱动程序和计算机中对应的网络接口卡，它们一起处理与电缆（或其他任何传输媒介）的物理接口细节。

网络层，处理分组在网络中的活动，例如分组的路由选择。

运输层，主要为两台主机上的应用程序提供端到端的通信。

应用层，负责处理特定的应用程序细节。包括远程登录、文件传输协议、用于电子邮件的简单邮件传输协议和简单网络管理协议等。

互联网构件

　　互联网中一个网络连接通常由客户机、传输介质和服务器三个部分组成。客户机是一个向服务器发出请求并等待响应的程序。网络采用客户机-服务器模式进行通信。一个服务器应用进程被动地等待请求，一个客户机应用进程主动地发起通信。一个服务器应用进程必须在远方的客户机进程尝试进行通信之前与协议软件进行交互，通知本地协议软件它所等待的信息的特定类型，然后等待信息的到来。当到来的信息与应用进程详细说明的信息类型完全匹配时，协议软件便将这个信息移交给应用进程。

互联网的功能

　　互联网是一个应用平台。我们可以在互联网上获取和发布信息。电子邮件是互联网功能行使的一个重要方面，通过它我们能在世界任何地方收发信息。此外，互联网还有网上交际、电子商务、网络电话、远程教育、远程医疗等各种功能。互联网的出现为我们开拓了一个更新的时空，它正迅速成为人们日常生活中必不可少的一部分。

服务器
服务器是一种高性能计算机，它作为网络的节点，存储、处理网络上80％的数据，因此也被称为"网络的灵魂"。

广域网的发展
计算机广域网的发展是与世界通信中高新技术的发展密切相关的，总的趋势是在原来窄带的ISDN的基础上向宽带的BISDN、智能化的IISDN、移动化的MISDN的方向发展。一个通信量大、覆盖面广、功能齐全、智能化程度高的广域网是实现所期望的先进通信手段的关键。

电子邮件
电子邮件是计算机网络用户之间传递信息的一种方式，用户可以身处世界任何地方，通过电话线和互联网收发电子邮件。

互联网的出现，使整个世界成为一个地球村。

电子邮件的收发

1. 因特网用户发送电子邮件。

2. 客户软件将邮件信息编码通过互联网传递。

3. 邮件服务器可将邮件传往准确的收件网址。

4. 互联网将编码信息传给收件人所在区域的网络服务器。

5. 网络服务器将信息内容转换为收件人计算机软件可解读的形式，并将它安置入准确的邮箱。

6. 收件人接通服务器，所有新到的邮件信息就被投递到他的电子信箱中。

直冲云霄

—— 越来越"高"的建筑技术 ——

2003年，台湾101大楼完成塔尖微调定位，60米高的塔尖顶出塔顶，使得主体建筑垫高至508米，成为世界最高的建筑。一直以来，"世界最高建筑"的桂冠就不断推动着人们挑战建筑工程的极限。不论是1890年美国的约瑟夫·普利策20层报业大楼、1931年的帝国大厦，还是1997年马来西亚吉隆坡的双子塔，都曾代表过当时最先进的建筑技术。为了解决城市不断膨胀的人口和有限的城区土地使用面积的矛盾，高层建筑已成为城市发展的必然选择。那么，越建越高的建筑物是凭借什么直冲云霄的呢？

马来西亚吉隆坡的双子塔，高452米。

结构设计

高层建筑主要分为框架体系、剪力墙体系、筒式体系等主要结构体系。早期的高层建筑多为框架体系，用这种方法建筑大楼会受到一定限制。因为大楼如果超过一定高度，整体框架就会承受不住楼房的重量而倒塌。运用剪力墙体系的建筑技术可建盖四十多层的超高层建筑，这种结构使楼房具有一个核心，它通常由相互交错的钢筋混凝土墙构成，能承受作用于大楼的力量以及楼房本身的重量。筒式体系所有承重部分都向外延伸，这样能够承受更多的大楼本身的重力及其所受到的外力，这种建筑结构的典型特点是外墙体有很多通过横梁的桩或柱。

美国芝加哥的希尔思大厦，高443米。

美国纽约的世界贸易中心，高417米（2001年因遭恐怖分子袭击被毁）。

摩天大楼

摩天大楼在建筑方面不仅要求坚固、稳定性好，更要能够抵御强风、地震等自然力的破坏。整座建筑物的重量由地基承载，地基被牢固地置于土层或岩石层上。摩天大楼地上主体部分是由钢材或混凝土制成的一个完整框架，由框架承载墙体、屋顶及楼层的重量，对整座建筑给予支撑。

建筑材料

随着现代建筑技术的发展，对建筑物功能的要求愈来愈多，因此建筑材料必将配合建筑物的功能要求而发展。这些材料的功能包括保温、隔热、隔音、防潮、防雨、防火、轻质、充分利用太阳能、抗震、无毒等。

楼板

楼板除了承受竖向荷载并将它传给框架外，还将水平力传到各个柱上，因此楼板平面内的刚度、整体性和承载力十分重要。

外饰

建材外饰品的应用是21世纪建筑物的一个重要特征，外饰材料是用两种以上材料组合生产的高性能复合材料，例如石膏、低辐射玻璃等。

剪力墙

剪力墙又称抗风墙或抗震墙、结构墙，分平面剪力墙和筒体剪力墙两种。平面剪力墙用于钢筋混凝土框架结构、升板结构、无梁楼盖体系中。筒体剪力墙用于高耸结构和悬吊结构中，由电梯间、楼梯间及辅助用房的间隔墙围成，其刚度和强度较平面剪力墙高，可承受更大的水平荷载。

混凝土基础

高层建筑通常由主（塔）楼和裙楼构成，这种情况有可能使地基承受不均匀的竖向荷载而造成结构的沉降。所以，对于高层建筑的设计和施工，必须考虑地基沉降的问题。

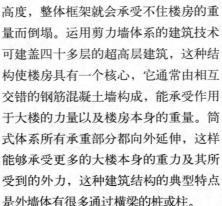

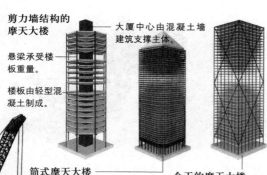

剪力墙结构的摩天大楼

大厦中心由混凝土墙建筑支撑主体。

悬梁承受楼板重量。

楼板由轻型混凝土制成。

筒式摩天大楼
筒式摩天大楼密集的梁柱使整个大楼成为一体。而且，为了抵抗自然力的影响(如风吹、地震等)，要使用有弹性的建筑材料；因为一旦使用劣质无弹性的钢筋，一经摇动，楼体很容易断裂，造成灾难。

今天的摩天大楼
为了建得更高，如今的摩天大楼多在外结构上增加对角线梁柱，这样可以避免因增加内梁柱带来的不便，使楼房有更多的空间作室内设计。

建筑地基

地基是整个建筑工程中的重要组成部分，其质量的好坏以及基础设计是否合理，不仅直接影响工程造价，而且关系到建筑物的稳固性。地基类型的选择，应根据建筑场地的地质、水文、上部结构荷载、建筑材料、施工条件等因素，进行全面深入的调查、分析，经综合比较后才能确定。当高层建筑的地基特别软弱、荷载又很大时，地基可做成由钢筋混凝土整片底板、顶板和钢筋混凝土纵横墙组成的箱形基础。这种基础的整体抗弯能力大，上部结构不易开裂，但其造价较高，常在高层建筑及重要的构筑物中运用。

摩天大楼的电梯

电梯是高层建筑建设中的一个关键点。高层建筑所使用的电梯通常是双层电梯和立体电梯。双层电梯是为了提高电梯井道的运输能力而采用的电梯形式，较适合在超高层建筑中使用。它在同一梯井内安装上、下两层重叠在一起的双层轿箱，使每次运行具有两台电梯的运输能力，出发层分上下两层，停止层分别为偶数层专用和奇数层专用。立体电梯厅也是超高层建筑所采用的电梯方式。所谓立体电梯厅就是在建筑物的上部设一个或几个特定的换乘层电梯厅，先用大型往复电梯将乘客运至换乘层，乘客再从该层电梯厅换乘普通分区电梯到达目的地。

双层结构电梯中的升降梯

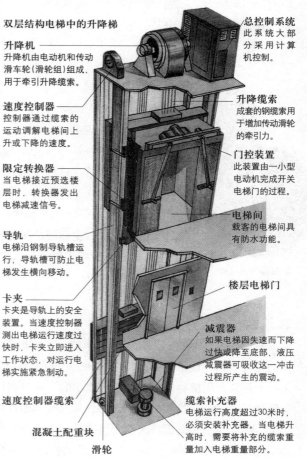

升降机
升降机由电动机和传动滑车轮(滑轮组)组成，用于牵引升降缆索。

速度控制器
控制器通过缆索的运动调节电梯间上升或下降的速度。

限定转换器
当电梯接近预选楼层时，转换器发出电梯减速信号。

导轨
电梯沿钢制导轨槽运行，导轨槽可防止电梯发生横向移动。

卡夹
卡夹是导轨上的安全装置。当速度控制器测出电梯运行速度过快时，卡夹立即进入工作状态，对运行电梯实施紧急制动。

速度控制器缆索

混凝土配重块

滑轮

总控制系统
此系统大部分采用计算机控制。

升降缆索
成套的钢缆索用于增加传动滑轮的牵引力。

门控装置
此装置由一小型电动机完成开关电梯门的过程。

电梯间
载客的电梯间具有防水功能。

楼层电梯门

减震器
如果电梯因失速而下降过快或降至底层，液压减震器可吸收这一冲击过程所产生的震动。

缆索补充器
电梯运行高度超过30米时，必须安装补充器。当电梯升高时，需要将补充的缆索重量加入电梯重量部分。

DNA图腾

——"复制"世界的秘密工程——

英国一家公司将顾客的DNA图谱设计成首饰出售，获得了意想不到的经济效益。DNA是极小的无色分子，不能被肉眼看见。然而，现在生物技术已经能够运用特殊的提取技术和纯化过程，实现分离大量DNA分子的目的，使其形成肉眼可见的结晶。这种DNA首饰正是运用了这一技术使无形的DNA分子成了真正有形的"图腾"。自DNA被发现以来，人们利用它的种种特性和规律不仅揭开了遗传的秘密，更为各项生物技术的蓬勃兴起奠定了坚实的基础。

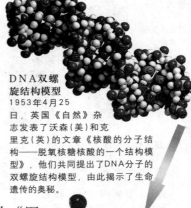

DNA双螺旋结构模型
1953年4月25日，英国《自然》杂志发表了沃森（美）和克里克（英）的文章《核酸的分子结构——脱氧核糖核酸的一个结构模型》，他们共同提出了DNA分子的双螺旋结构模型，由此揭示了生命遗传的奥秘。

显微镜下观察到的染色体和DNA

基因工程

基因工程又称"重组DNA技术"，它是体外重新组合脱氧核糖核酸(DNA)分子，并使它们在适当的细胞中增殖的遗传操作。这种操作可把特定的基因组合到载体上，并使之在受体细胞中增殖。这种重组DNA技术的基因工程一般包括四个步骤：一是取得符合人们要求的DNA片段，这种DNA片段被称为"目的基因"；二是将目的基因与载体DNA分子连接成"重组DNA"；三是把重组DNA引入宿主细胞；四是把目的基因能表达的宿主细胞挑选出来。基因工程在20世纪取得了很大的进展，转基因技术和克隆技术便是两个有力的证明。

转基因技术

转基因技术是指利用分子生物学技术，将某些生物的基因转移到其他物种中，以改造生物的遗传基因，使得到的生物在性状、营养和消费品质等方面向人类需要的目标转变。世界上第一种转基因植物是1983年培育成功的一种含有抗生素药类抗体的烟草；世界上第一种转基因食品是1993年投放美国市场的转基因晚熟西红柿。转基因技术在动物饲养领域也取得了很大进展，通过转基因技术获得特殊基因的动物不仅可能直接生产多种药品——比如转基因绵羊能生产人的一种蛋白酶，而且这些动物的器官还可能直接移植到人类身上。

[第三章]

Part3···

历史探索

　　约5500年前，生活在美索不达米亚的苏美尔人创造了文字。从此，人类的文明史就开始了。接下来，古埃及、古印度、古中国、古希腊、古罗马以及古代美洲等都创造了辉煌的古代人类文明。到公元5世纪，欧洲进入了中世纪时代。这是一个教会钳制思想和学术的黑暗时代，也是一个遍地骑士与城堡的传奇时代。公元14世纪之后，欧洲终于结束了中世纪的黑暗时期，进入了崭新的文艺复兴时代……人类就是这样一步步从原始落后、孤立分散的封闭部群，走到了被称为全球一体化时代的今天。历史铭记了不计其数让现代人类为之惊叹的辉煌文明成果。接下来就让我们进入这一精彩却又曲折的人类历史中，去追寻、去探索……

苏美尔人创造的奇迹

—— 探索最早的美索不达米亚文明 ——

位于底格里斯河和幼发拉底河之间的两河流域,是人类文明的发源地之一。这一地区的早期文明过去被称为"巴比伦文明"或"巴比伦－亚述"文明。但现在我们知道,它的创立者既不是巴比伦人,也不是亚述人,而是更早的苏美尔人,他们大约在公元前4500年左右就在两河流域定居了。苏美尔文明之所以重要,不仅在于它已有6000多年的历史,更在于它的影响已经贯穿了整个人类的历史进程。这一文明究竟具有怎样的魅力呢?

国王的产生

苏美尔的每一个城邦都由一群贵族来治理。在战争时期,他们选出一位首领来统治,直到战争结束。由于战争十分频繁,战时首领统治的时间就慢慢变长。最后,这些战时首领就成了终生的国王,国王还能把权力传给子孙。这个石像表现的就是拉格什城邦的一位国王,他被象征性地描绘成慷慨的供给者:他手持一个器皿,鱼和水从中汩汩涌出。

楔形文字与泥板书

文字的发明是苏美尔人最伟大的成就。约在公元前3100年,苏美尔人就开始使用楔形文字。他们用削尖的小木棒或芦苇秆做笔,把文字刻写在半湿的软泥板上,然后把泥板晾干或用火烤干,制成泥板书。刻写时,由于落笔处印痕较宽,提笔处较为细狭,每一笔都像一个小楔子,故称为"楔形文字"。苏美尔人所创制的楔形文字为以后的阿卡德人、巴比伦人、亚述人、波斯人所继承,使用了很长一段时间。

最早的城邦

公元前3000年左右,苏美尔城邦出现了。当时,较为著名的城邦有乌尔、乌鲁克、基什、拉格什、乌玛等。这些城邦为了争夺土地、水源和奴隶,经常发生冲突和战争。苏美尔人还经常与北面的阿卡德人刀兵相见。约在公元前24世纪后期,阿卡德人萨尔贡统一了阿卡德和苏美尔,建立了幅员辽阔的阿卡德王国。

农业生产

两河流域土地平坦但雨水稀少,土地多数时候处于干旱状态。但幼发拉底河和底格里斯河每年都会发一次洪水,洪水会浸透干燥的地面,苏美尔人便乘这个时候挖沟掘河,把水储存起来,然后引流到田里去。

苏美尔人的科学成就

苏美尔人的科学成就主要表现在数学和天文学方面。苏美尔人创造了独特的60进位制。我们今天度量时间用的小时、分、秒，以及把圆周分为360度等，都是继承了苏美尔人的计算方法。苏美尔人根据月亮的盈亏制定了太阴历。他们把两次新月之间的那段时间定为一个月，一年12个月，共354天，而与地球公转一圈相差的天数就用置闰的方法弥补。

苏美尔人的神话传说

苏美尔人的神话传说引起了人们特别的兴趣。苏美尔神话中提到，神创造了万物和人，可是人由于自作聪明，犯下罪孽。于是，神决定用洪水来惩罚人类。在大洪水中，仅织工塔克图克一人得以幸存。可后来塔克图克又因偷吃禁果而受到神的惩罚：他和他的后代都不能获得永生，而且经常会遭到病痛的折磨。这与基督教《圣经·旧约》中的大洪水灾难和亚当、夏娃偷食禁果的故事十分相似。所以人们认为，圣经故事最初的源头很可能就是苏美尔神话。

记载有神话传说的苏美尔泥板书

金属制品

苏美尔人是技艺精湛的金属制品生产者，他们在自己的作坊里生产出了精美的金器、银器和铜器。这个黄金头盔是工匠把黄金锤成薄片后镂刻而成的，它的设计考虑到了苏美尔人的头部特征。

房屋建筑

苏美尔人把泥土和草末放进方形木框里整形，制成泥砖，再用泥砖建造房屋。这些房屋一般是围绕一个中央庭院修建而成的，还有一个楼梯通向屋顶的平台。房屋的墙壁通常被涂成白色或灰色。

手工业作坊

两河流域有大量可用于制作陶器的黏土，所以苏美尔的陶器手工业非常发达，城邦里有许多制陶作坊和职业陶工。大约在公元前3500年，苏美尔人发明了陶轮。陶轮的使用使陶工能生产出规格统一、陶壁更薄的器皿，同时其产量也大大增加。

港口贸易

苏美尔地区缺乏石料和木材，这些东西大都得从外地引进。作为交换的是苏美尔人自己生产的粮食、羊毛和陶罐。苏美尔商人沿着运河、幼发拉底河和底格里斯河航行，进入波斯湾以及更远的地方。他们与不远万里从西方地中海海岸和印度河流域来的人们做生意。

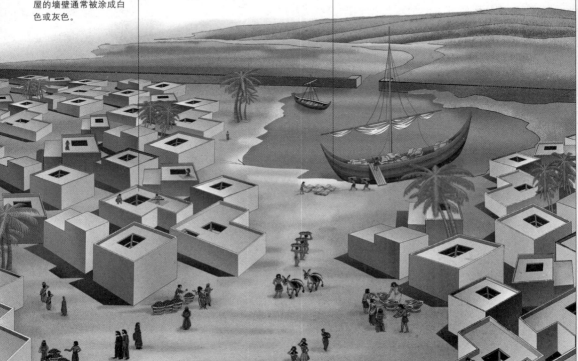

冒犯上帝的城市

探索古代巴比伦文明

巴比伦古城遗址在今天的伊拉克首都巴格达以南约90千米的地方。数千年前，这里诞生了一个强盛文明，人们把这个古老的文明称作"巴比伦文明"。巴比伦城最初只是两河流域美索不达米亚平原上的一个无名小城，后来不断发展壮大，成为两河流域的一颗明珠。《圣经》中把这里称为"天堂"，但这个"天堂"同时也被人们称为"冒犯上帝的城市"。这个谜一样的古代名城永远散发着来自远古文明的神秘魅力。

实行法治的国王
古巴比伦王国的国王汉穆拉比是一位具有军事和治国才能的君主。为了在统一疆域之后能够平定内乱，他制定了一种"公平的法律"，并将它推广到全国各地。汉穆拉比是西亚历史上最早实行法治的一位国王，他自称是"太阳神最宠爱的牧羊人"。

古巴比伦王国

约公元前1894年，两河流域中部的阿摩利人以幼发拉底河畔的巴比伦城为中心，建立了一个王国，史称古巴比伦王国。第六代国王汉穆拉比在位时，国势日益强盛。汉穆拉比经过30多年的征战，基本上统一了两河流域，建立了一个强大的专制集权的奴隶制国家。公元前1595年左右，古巴比伦王国遭外族入侵而灭亡。

巴比伦城的街道
"圣道"是巴比伦城的第一大街，呈南北走向，直达马尔都克神庙，也是新年时马尔都克神像经过的"游行大街"。街面主要由灰色和粉红色石板铺成。更为华丽的是，街道两边的墙上装饰着刻有各种神兽的彩色浮雕，这些神兽形态威猛，约有数百头之多。

巴别通天塔的传说

传说，人类的祖先最初讲的是同一种语言，他们在两河流域定居。后来，他们的日子越过越好，决心修建一座可以通往天堂的高塔，这就是巴别通天塔。上帝知道后又惊又怒，认为这是人类虚荣心的表现。于是，他决定让人类的语言发生混乱，使人们相互言语不通，这样巴别塔就无法建造下去了。由于巴比伦人冒犯上帝，受到惩罚，因此人们就把巴比伦城称为"冒犯上帝的城市"。

伊什塔尔门
伊什塔尔门最为著名，它是巴比伦城的北城门。在巴比伦神话中，伊什塔尔是掌管战争和胜利的女神，城门由此得名。伊什塔尔门高达12米，宏伟壮丽。城门分为两层，每层都有4个望楼。

建筑装饰
伊什塔尔门的外壁是用色彩艳丽的彩釉砖砌成的。门墙和塔楼上镶嵌着藏青色的琉璃砖，砖上饰有狮、豹、野牛等各种兽类的浮雕。每块浮雕高约90厘米，共有500多块形态各异的浮雕。整个城门在阳光照耀下光彩夺目。

通天之塔
"巴别"在巴比伦语中的意思是"神的大门"。这是尼德兰画家彼得·勃鲁盖尔笔下的巴别塔。为了表现高耸的巴别塔，勃鲁盖尔以宏大的构图来处理这个富有幻想意味的场面。在塔顶处，他用云彩拦腰截去一个顶部，并在云层上画了一个隐约可见的塔顶，以示该塔已建到可怕的高度。

新巴比伦王国

约公元前626年，迦勒底人建立了一个新王国，定都巴比伦城，史称新巴比伦王国。在国王尼布甲尼撒二世(约前605～前562年在位)统治时期，王国达到鼎盛。尼布甲尼撒二世大兴土木，对巴比伦城进行改建和扩充，将之建成为当时世界上最雄伟豪华的城市之一。然而仅仅几十年后，也就是公元前539年，波斯人占领巴比伦城后，这座城市就逐渐衰落了。

石碑上的汉穆拉比头戴王冠，身穿长袍，举起右手，正站在太阳神前面宣誓。太阳神则坐在宝座上，头戴螺旋形的高帽。这是一幅典型的"君权神授"的场面。

巴比伦人的宗教建筑
"马尔都克"是巴比伦城的守护神。它的神庙是城内最神圣的建筑，高达80多米，相当于今天一座20多层的高楼。有人认为这座神庙就是传说中的巴别塔，但也有人不同意这一说法。

城市规划
巴比伦城是当时世界上规模最大的城市之一。幼发拉底河把整个城区分成两个部分，河西为新城，河东为旧城。整个城市被一条长约18千米、高约3米的城墙环绕着，城墙上大约每隔44米就有一座塔楼，由卫兵轮流值守。

灌溉设施
"空中花园"设置有精妙的供水系统。花园底部建有水房，水房中安装有压水机，压水机将地下水压到最高一层的储水池中，水再通过四通八达的水槽流到花园中进行灌溉。

汉穆拉比法典
汉穆拉比国王最大的贡献是颁布了《汉穆拉比法典》。法典刻在这根高2.25米、上部周长1.65米、底部周长1.9米的黑色玄武岩柱上。法典用阿卡德语写成，分为前言、正文、结束语三个部分。正文共有282条内容，包括诉讼、租佃、雇佣、继承、债务等方面的内容，是世界上现存最完整的一部古代法典。

空中花园
被誉为世界古代七大奇迹之一的"空中花园"是巴比伦城最杰出的园林建筑。传说，它是尼布甲尼撒二世为了安慰思念家乡的美丽王妃而修建的。由于整座花园建在一个高高的城楼上，比城墙还高，远远看去就像悬挂在半空中，因此被称为"空中花园"。

血腥的 "狮穴"

───── 探索古代亚述文明 ─────

亚述王国的都城尼尼微是《圣经》中先知约拿布道的城市。1845年，一位名叫莱亚德的英国考古学家按照《圣经》中对尼尼微城址的描述，来到了伊拉克的摩苏尔。在流经摩苏尔的底格里斯河左岸，有一个名为"库容吉克"的小山岗引起了他的注意。莱亚德对这个山岗进行了长达六年的发掘，终于找到了亚述王国的宫殿和藏书室，证明了这里就是亚述的首都尼尼微。根据藏书室中的泥板书，人们了解到了关于亚述的传奇历史：这是一个残暴嗜血的国家，以至于其都城都被人们称为血腥的"狮穴"（即尼尼微之意）。

亚述王国的崛起

亚述人是居住在两河流域北部的一支闪族人，约公元前20世纪早期，他们就建立了自己的国家。但在很长一段时间里，亚述人一直受到苏美尔人、阿卡德人、阿摩利人、赫梯人、喀西特人等异族人的侵犯，直到公元前14世纪中期，他们才得以崛起。亚述人以铁制武器装备自己，开始了对外扩张。亚述军队凶猛无比，野蛮地屠杀被征服地区的人民，迫使许多城邦屈服投降。

亚述士兵使用长梯登城墙。

弓箭手

骑兵

传递消息的信使

盾牌手

国王在马车上发布作战命令。

尚武的民族

亚述人是一个出色的尚武民族，这不是因为他们在种族上不同于所有其他的闪族人，而是由于他们特殊的生活环境：他们偏居于底格里斯河上游的小块高地上，土地资源十分有限，还经常受到敌对民族进攻的威胁，这就养成了他们好战的习性和侵略的野心。每一次成功的征服都刺激着他们的野心，使之更加膨胀，也使尚武主义的链条更紧、更牢固。

半人半兽的形象

亚述人崇尚一种名为"舍都"的神兽，它有着半人半兽的奇特形象，由人的头部、鹰的翅膀和雄狮的躯体组合而成，透射出一种神秘的力量。这个大理石浅浮雕表现的正是"舍都"神兽，它是公元前8世纪的亚述作品。不过，神兽的头却是埃及法老的形象，这是埃及文化对亚述文化影响的结果，因为亚述人曾占领过当时埃及的首都底比斯。

军队兵种

亚述王国常备军的规模大大超过了两河流域的其他民族，其军队的兵种是当时世界上最为齐全的，分为战车兵、骑兵、重装步兵、轻装步兵、工兵等等。亚述士兵行军非常迅速，就是在遇到大河之类的天险时也毫不受阻。因为先行的工兵会把无数个充气皮囊连接起来，从此岸排到彼岸，上面再铺上树枝，就搭成了一座简易实用的浮桥，供军队通行。

军队装备

亚述军人拥有无可匹敌的军事优势。除了高超的作战技术外，他们还拥有完备而优越的武器装备，其中有铁剑、强弓、长矛、撞墙锤、战车、金属胸甲、盾牌、头盔等。

攻城武器

亚述军队拥有当时世界上最强大的攻城武器。一种叫攻城机，它由巨大的木框组成，外面裹着潮湿的兽皮，正前方装有青铜制成的攻城锤，攻城时用来撞击城墙，木框里还藏有弓箭手。另一种叫投石机，里面装着一种特制的转盘，上面绞着马鬃和橡树皮编成的绳索，只要用力一拉绳索，就能射出威力无比的石弹。

野蛮的屠杀

亚述人对战败而不肯投降的国家，报复极其残酷。破城之后，士兵们残忍地对待城中的人民，因为亚述人认为血腥的统治是安全和权力的保证。

"恐怖主义"的亡灵

亚述人本指望军事强盛会带来权力和安全，到头来却为此招致灭顶之灾：因为尚武而忽视了国家经济和政治的发展，亚述王国走向了衰败。最终，亚述人在对战争的狂热与血腥的迷恋中，遭受了与被征服民族同样的命运。

弓箭手从这里往外放箭。

用兽皮做的护罩

这种机器叫攻城机。

亚述人修筑了一个斜坡便于攻城机攻击城墙的薄弱处。

投石手

国王的卫兵

士兵们身着金属片制成的短袖紧身甲衣。

亚述文明的浮雕艺术

亚述的浮雕具有很高的艺术水平。亚述浮雕以宏大的构图和细腻的刻画铭记了国王的伟大功业和历代王国的兴衰荣辱，其中最吸引人的是表现国王猎狮的浮雕。国王的猎狮行动是亚述人最严肃的战斗仪式。在这类浮雕中，雕刻家通过对人物和动物身体结构的细微描绘，以及对体积感的强调和肌肉的夸张表现，赋予了浮雕形象以遒劲的张力。

这是尼尼微宫殿遗址中的一幅制作于公元前7世纪的浮雕作品，描绘的是亚述国王正在参加一个王室的猎狮行动。

"尼姆德鲁的蒙娜丽莎"

亚述文化受益于腓尼基文化，这个在亚述尼姆德鲁古城遗址中发掘出来的象牙雕刻品，正是深受腓尼基风格影响的亚述文化成果。雕像的主体部分是一位微笑的亚述少女的脸，被后人称为"尼姆德鲁的蒙娜丽莎"。该作品原藏于伊拉克博物馆，但在2003年的伊拉克战争中遭当地人抢劫。

强盛与衰落

亚述国王提格拉特·帕拉沙尔三世(前746~前727年在位)统治时期，对行政、军事和统治政策进行了改革，并在世界历史上首创工兵，使亚述王国得以强盛。后经几代国王的武力扩张，王国的领土空前广大，亚述终于成为了两河流域的军事强国。公元前7世纪后期，亚述帝国的经济力量被多年的战争消耗殆尽，其军事威力也已成强弩之末。公元前612年，迦勒底人和米底人联合起来攻陷尼尼微，亚述王国土崩瓦解。

擅长航海的地中海商人

—— 探索古代腓尼基文明 ——

腓尼基位于地中海东岸北部，即现今的叙利亚和黎巴嫩沿海地带。腓尼基人也许没有苏美尔人和埃及人那样悠久的历史和灿烂的文明，但在3000年以前，他们却是世界上最精明、最成功的商人和最著名的航海家。他们驾驶着狭长的船只驶遍地中海的每一个角落，他们的商人在地中海沿岸的每一个港口做生意。在古代世界，腓尼基人的影响无处不在，然而我们对他们到底了解多少呢？

惊险的场面
这是腓尼基人的雕塑艺术品，表现了一头狮子撕咬一个少年的惊险场面。

强盛的商业民族

　　"腓尼基"是古希腊语的音译，意思是"紫色之国"。公元前20世纪初，腓尼基人建立了一些奴隶制城邦。由于腓尼基东通巴比伦，西临地中海，北接小亚细亚，南连巴勒斯坦和埃及，地处海陆交通的中心，而且当地所产的林木又特别适合于造船，所以腓尼基人很早就开始从事航海经商活动，成为地中海地区最活跃的商业民族。

环非航海
公元前7世纪，腓尼基船队曾环绕非洲航行。他们从埃及港口出发，经红海入印度洋，绕过非洲南端后经大西洋、地中海返回，前后历时3年，创造了世界航海史上的奇迹。

繁荣的贸易
腓尼基人贩卖的商品汇集了世界各个地方的特产：有来自远东和印度的谷物、酒类、纺织品、地毯和宝石；有来自黑海的铅、黄金和铁，有非洲的盐、象牙和奴隶；有西西里岛的酒和油……

珍贵的色彩
这袭华丽的紫红色丝绸是用一种古老的方法染制的。染料取自图中骨螺的腺体，这种骨螺出产于古代腓尼基人生活的地区。几千年前，世界上只有腓尼基人能够生产与出口这种令人梦寐以求的紫红色布料，也只有最富有的顾客才买得起这种极品织物。

来自埃及的象牙

迦太基城
公元前814年，来自泰尔城邦的腓尼基人修建了迦太基城。后来，迦太基开始崛起，称雄于地中海，并逐渐发展出了自己的文化，也就是罗马人所说的布匿文化。

港口城市
腓尼基人在地中海东海岸被称做"腓尼基海岸"的土地上，建立了许多港口贸易城市，其中著名的有推罗、西顿、乌加里特、毕布勒、泰尔等，这些城市非常繁华、富庶。每个腓尼基城市都是一个独立的国家，居民们推选自己的国王，崇拜自己的保护神。

航海技术
腓尼基人有着丰富的航海经验，他们在航行中依靠太阳和"腓尼基人的星"——北极星的位置，并根据所熟悉的海岸地形与地貌来辨别航行的方向。

打包的紫色布料　　来自塞浦路斯的铜

腓尼基字母

　　腓尼基人从事商业活动时，非常需要一套简单明了、书写方便的文字体系。于是他们对西奈字母和楔形文字进行改造，逐渐形成了22个腓尼基字母。后来，希腊人在这套字母的基础上，创造了希腊字母，而罗马人又在希腊字母的基础上创造了拉丁字母。所以现今欧洲各种文字的字母都源出于古代腓尼基字母。

毁灭性的惨败

公元前3世纪，罗马和迦太基发生了几次战争，史称布匿战争。著名的迦太基将军汉尼拔几乎征服了整个罗马，但公元前202年的一场战斗中，他却被彻底打败了。这是罗马军队进攻迦太基城的情景。

腓尼基人的船

腓尼基人的船是当时世界上最好的海船，船头往往雕刻着一个高高昂起的鸟头，船尾竖着一条鱼尾巴。他们就驾驶着这种半鱼半鸟形状的航船，在大海上乘风破浪。

腓尼基当地所产的雪松木

来自印度的美酒

来自东方的精致地毯

奇特的"哑巴交易"

　　古希腊历史学家希罗多德曾经记下腓尼基人与西非黑人之间进行的奇特的"哑巴交易"。当腓尼基人的商船抵达目的地，在海滩上卸下货物后，他们就返回自己的船上，升起一缕黑烟作为信号。当地人看到黑烟后就纷纷来到海滩，在腓尼基人的货物旁放上一些金子，然后躲进树林中。接着，腓尼基人再次上岸，如果他们对当地人放的金子很满意，就收起金子离开；如果不满意，就再回到船上等待，直到当地人增加金子使他们满意为止。

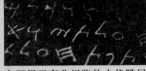

主要用于商业记账的古代腓尼基文字

金字塔工程

—— 探索古埃及法老的陵墓 ——

金字塔是古代埃及人安放国王木乃伊的巨型墓葬建筑，因其形似汉字的"金"字，于是中国人称之为"金字塔"。埃及法老死后，他的木乃伊连同他生前的财产一起被埋葬在金字塔陵墓里，由此开始他死后的"天国"旅程。约在埃及古王国第三王朝至第六王朝期间（前2686～前2181年），统治者们竞相建造金字塔以显示自己永久无上的权威，使金字塔建造臻于鼎盛，因此这一时期有"金字塔时代"之称。著名的胡夫金字塔就建于此时。

珍宝华光
金字塔中的古物跨越了数千年的时光，依然光芒四射。一个从金字塔陵墓中出土的女性丧葬面具，以亚麻和熟石膏制成，表面绘彩并镀金，绚烂夺目。这些丰富的杰作将古代埃及的历史生动地展现在人们面前。

金字塔外形的演变
最早的金字塔是阶梯形的，此后发展成弯金字塔，最后才形成了我们今天看到的金字塔。

阶梯金字塔　　　　　　弯金字塔　　　　　　真正的金字塔

吉萨三大金字塔

埃及现存有80多座金字塔，而最著名的是位于开罗附近的吉萨三大金字塔，它们是为前后相继的三代法老胡夫、哈夫拉和门卡乌拉所建造的。这三座一字排开的金字塔成了埃及的象征。其中，耗时30年建造的胡夫金字塔堪称埃及金字塔之首，素有"大金字塔"之称。古代埃及人是如何采伐、运输巨石并将之建造成数百米高的金字塔的呢？这成为人类历史上最大的谜题之一。

开采巨石
修建胡夫金字塔所需要的500余万吨石头都来自吉萨附近的采石场。由于铜是当时古埃及人掌握的最硬的金属，因此采石工人采用铜制的凿刀为工具。他们用铜凿刀将巨石凿开小孔，打入木楔，并在上面浇水，木楔浸水膨胀的力量可以将石块胀裂。

运输巨石
开采下来的石头每块的重量都超过了1吨，因此运输成了一个大问题。吉萨当地出产一种特别的黏土，在黏土铺就的路面上洒水，沉重的石块就可以在上面滑行。在不适宜洒水的地方，工匠们就在路面上铺圆木，让巨石在圆木上滚动前进。

狮身人面像
狮身人面像是第四王朝国王哈夫拉金字塔群建筑中的重要遗迹，它坐落在哈夫拉金字塔的东侧。其造型表示以狮子的力量配合人的智慧，象征着古代法老的智慧和权力。石像高20米，长57米，除两只前爪外，整个狮身人面像是用建筑金字塔时留下的一块天然巨石雕成的。

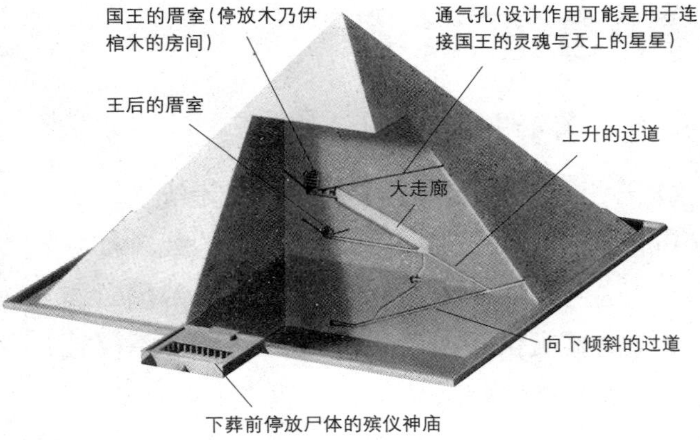

国王的厝室(停放木乃伊棺木的房间)

王后的厝室

通气孔(设计作用可能是用于连接国王的灵魂与天上的星星)

上升的过道

大走廊

向下倾斜的过道

下葬前停放尸体的殡仪神庙

金字塔的内部构造

金字塔的建造之谜

埃及金字塔被认为是世界古代七大奇迹中年代最久远,也是保存最完整的一个。许多人难以相信4500年前的古埃及人能够建造如此庞大而精美的建筑。有人认为埃及金字塔是地外文明指导地球人建造的,也有人认为它们是地球前一次高度文明所遗留的,但埃及人坚信金字塔是古埃及人自己所建。科学家们经过大规模的考古研究与实践,在今天已能够大概描摹出金字塔建造的全过程。

长长的坡道

当金字塔的雏形逐渐显现的时候,就需要建造长长的坡道,以便工人把石块通过坡道斜面运到高处。据估计,斜坡的长高比例是10:1。这是保证运输方便和使用最少建筑斜坡材料的最佳比例。当金字塔逐渐变高时,更经济的螺旋形坡道就取代了斜坡。

胡夫金字塔

在1889年法国埃菲尔铁塔建成以前,胡夫法老的大金字塔一直是地球上最高的建筑物。如果用建这座金字塔的所有石块铺一条一尺宽的道路,那么这条路可以绕地球一周。

金字塔与星象

从金字塔墓室内的象形文字中,人们了解到古埃及人把金字塔的建筑方位与星象紧紧联系在了一起。有些科学家认为,吉萨的三座大金字塔是依照猎户座的三颗星形成的"腰带"形状排列的。三座金字塔排成一线,最小的一座稍稍偏左。这与星座中"腰带"部位的三颗星的位置排列一模一样。

猎户星座

打磨加工

巨型石块集中到建造金字塔的现场后,就由专门的石匠切削加工。他们仅使用三角板、铅锤、铜凿刀等简单工具,就可以把每块石头打磨得平整光滑,使石块与石块之间衔接紧密。直到现在,人们也很难把薄而锋利的刀刃插入石块之间的缝隙里。

皈依佛教的征服者

————— 探索古印度孔雀王朝的强盛文明 —————

阿育王是古代印度摩揭陀王国孔雀王朝的第三代国王，又称为"无忧王"。他的一生极具传奇色彩。早年的阿育王崇尚武力，他通过血腥的战争征服了许多国家，建立起庞大的孔雀帝国，这是印度历史上出现的第一个帝国。但出人意料的是，他在一场战争后幡然悔悟，皈依了佛教。此后，阿育王不仅致力于宣扬佛教教义，还为老百姓做了许多好事，如修筑道路、建立医院等。

桑奇佛塔

桑奇佛塔是印度现存的最壮观、最优美的佛塔。佛塔呈半圆形，顶端为平台，上面有三层伞盖，据说是佛法普照四方的象征。绕塔有两条环形通道，供香客绕塔诵经使用。

孔雀王朝与阿育王

公元前325年，旃陀罗笈多推翻了难陀王朝，建立了一个新王朝。由于他出身在一个养孔雀的家族，王朝因此被称为"孔雀王朝"。阿育王即位后，开始向外大举扩张，其中规模最大的战争是对羯陵伽的远征。羯陵伽是孟加拉湾沿岸的一个强国。约公元前262年，阿育王率军进犯羯陵伽，最终征服了这个国家。在这场战争中，被俘虏的羯陵伽人有15万人之多，被杀的达到10万。

象军的编排

在战象的背上架设着一具象舆，舆中坐有数名将士，舆前后各有一名驭象手。在战象四条柱子般粗的腿旁，立有数位手持矛盾的士兵护卫。这样，战象结合士兵就组成了一个独立的作战单位。

战象的装扮

每头战象身上都披着厚厚的盔甲，防止敌人的长矛刺伤。象牙的尖部也用金属包裹，既锐利又不易折断。这些全副武装的战象训练有素，能够进行勇猛的冲锋。

象军

这种由大象组成的军队是阿育王的特种部队。象军在古代战争中发挥着现代武器坦克的作用。经过训练的战象在作战时冲锋陷阵，勇猛无敌。它们能破城门、毁营垒、折武器、踏敌军、陷敌阵，常给敌方造成极大的伤亡。

佛教的起源

佛教的创始人悉达多·乔答摩(约前565~前486年)是当时毗罗卫国(在今尼泊尔境内)净饭王之子。人们通常称他为释迦牟尼，意思是"释迦族的圣人"。他自幼长在王宫，生活舒适。传说他出游时看到了人生的四种苦相：生、老、病、死，从而感到人生皆苦。于是，他决心放弃安逸的生活，去寻找解脱的办法。后来，他在菩提树下大彻大悟，最终创立了佛教。他的门徒们称他为"佛"或"佛陀"，即"大彻大悟的人"。

释迦牟尼的脚印

印度女性美的典范

这个在横梁与立柱相交处的人形雕像就是印度有名的树神药叉女圆雕像。她的双臂攀援着芒果树枝，身体向外倾斜，形成富有节奏感的S形体态，健壮丰满，洋溢着青春活力，被誉为印度标准女性美的典范。

弘扬佛法

　　羯陵伽战争对阿育王影响极大，战争的血腥和残酷使他感受到了前所未有的痛苦和迷惑。阿育王最终皈依佛教，成了一名虔诚的佛教徒。不久，他将佛教定为印度的国教。此外，他还召集了一大批佛教高僧编纂整理佛教经典，并在各地修建了许多佛教寺院和佛塔。正是由于阿育王不遗余力的提倡，为佛教在印度奠定了坚实的基础，佛教才最终发展成为影响世界的三大宗教之一。

阿育王的石柱

阿育王为了宣扬佛法，在全国各地立起了许多石柱。图中的石柱柱头底部刻有大象、奔马、牛、虎各一头，在它们上面是精心雕刻的合体雄狮。雄狮昂然挺立，逼视四方。这个柱头图案现已成为印度的国徽。

孔雀王朝的都城

孔雀王朝定都华氏城（今印度巴特那）。城中国王的宫殿华美壮观，建筑精妙，曾受到希腊使节的赞叹。城内还有著名的百柱厅，这是一座深受波斯风格影响的建筑。城外建有坚固的木结构的城墙。

马拉战车

阿育王的战车兵使用轻便的双轮马拉战车作战。这种车采用轻便的辐轮，并配有能将车体部分重量传递给马匹的挽具，从而满足了速度快、转弯灵活的作战要求。

阿育王的军队

阿育王的军队编制分为步兵、骑兵、战车兵和象兵。需要作战时，阿育王能征集到一支步兵60万、骑兵3万和战象9000头的大军，正是依靠这支部队，阿育王基本统一了印度次大陆。

隐藏在地下的大帝国：秦

—— 探索古代中国第一个大一统的封建王朝 ——

秦将军俑

秦始皇陵位于骊山北麓的洪积扇上，现在陕西西安市以东的临潼县郊。人们今天看到的秦陵只是一个高耸如平顶金字塔(覆斗状)的封土堆，但在2200多年前，这里却进行着声势浩大的艰辛修建，继之是惊心动魄的战火劫掠。此后，有关秦始皇及其神奇陵墓的传说在整个中华大地上流传不息。直到上个世纪60年代，第一批考古人员在秦陵首次勘测，这团迷雾才透出了一线光明。经过40多年的研究，中国考古学家复原出了往昔的大秦风貌，向世人展现了一副有血有肉、缤纷多彩的秦帝国画卷。

奇迹的诞生：秦始皇陵

据勘测，秦始皇陵原本有"回"字形的高大城墙围绕着秦陵封土堆，墙内遍布雄伟的宫殿。但陵区并不仅限于城垣之内，在广达60平方千米的范围内均发现有秦代皇家文物遗址，距封土堆以东1.5千米外的兵马俑坑就是其中之一。这座陵园的魅力并非仅仅因为其大，更重要的是在如此大的范围内，没人能说清里面到底有多少宝藏。人们知道的只是，秦始皇在地上创造了一个崭新的帝国，在地下也修建了一个举世无双的陵墓。

青铜兵器
秦军装备十分精良。其青铜兵器硬度极强，锋刃锐利。这把青铜剑的表面还采用了铬盐氧化的防锈技术，德国和美国直到20世纪30年代以后才发明了类似的技术。可惜这门技艺在我国汉代以后就失传了。

"观游"建筑
夯土宫墙的外墙面有9级台阶，每级宽2米，台阶上钻探出了许多残瓦碎片。考古学家据此推断：在这里埋入土下的墙侧台阶上，修建有9圈廊房或其他建筑，以便让秦始皇的灵魂参观游览。这可能就是《汉书》中所记载的"观游"建筑。

复现地宫
这是依据物探遥测所得到的数据制作出来的秦陵地宫三维图。秦始皇做梦也想不到，2000年后的人用不着抡镐挥锹，就可以窥探他地下王国的所有秘密。

统一文字、币制与度量衡

秦统一天下以后，秦始皇命李斯等人进行文字整理，以小篆作为标准文字，用于官方文书法令，以隶书作为日用文字在全国范围内推广。秦始皇还废除了各国的旧货币，以秦币为基础，推行新的统一的货币制度：以黄金为上币，以镒(二十两)为单位；以圆形方孔铜钱为下币，以"半两"为单位。秦始皇还废除了六国的旧度量衡，以秦国原由商鞅制订的度量衡为基础，制定了新的制度推行全国，由此实现了中国历史上第一次度量衡制度的统一。文字、货币与度量衡的统一为社会经济的发展提供了有利条件，促进了统一国家的发展。

庞大的地下兵团
秦始皇的三座兵马俑坑内约有8000个兵马陶俑。它们排成整齐的队列，每一个都拥有自己独一无二的面孔和表情。

谜团的心脏：秦陵地宫

历史上不可胜数的记载和传说使地宫成为秦陵这个千古谜团的核心。2002年，中国考古专家开始对秦陵地区进行物理探测。这次探测动用了重力法、磁法、电法、放射性法、弹性波法、核磁共振法、地温法、测汞法等各种物理探测手段。所有勘测结果均表明，地宫就存在于现在的封土堆之下。而且，无可辩驳的遥测数据也为我们勾勒出了秦陵地宫的精确形制。

墓道
墓道是进入地宫的通道。根据西汉以前陵墓的考古经验和古代"端门四达"的理念，具有至尊身份的人才会使用四条墓道。过去，人们一直相信秦陵地宫至少有四条墓道，但出人意料的是，物探遥测确认地宫东西两侧各有一条墓道，而南北两侧则尚未发现类似结构。

绝世铜车马
这驾精美的铜车马是秦始皇的銮驾模型，出土于秦陵3000多平方米地下车库中的一小间。车上3000多个零组件使用了各种高超的铸造技术，许多工艺放在今天也要划归高难铸造技艺的范畴之内。仅其中几千个不足1毫米的小孔，就不知秦人是用什么工具和技术钻成的。据说，刘邦和项羽看到秦始皇的銮驾时都大为倾羡，而这套1/2大小的青铜车马模型，直到今天也依然光彩夺目。

墓顶巨石
如果像揭开锅盖一样移走秦陵的封土堆，再像切蛋糕一样切开地宫夯土宫墙的一角，秦始皇陵的心脏就会暴露在我们面前。墓室顶部的这块巨石可能并不比埃及大金字塔所用的巨石逊色，它解决了50米的空间跨度问题。

夯土宫墙
一圈巨大而精细的夯土宫墙高出地面达30米，顶部距封土堆表面最浅处只有1米左右。这一围绕墓室筑就的细夯土墙，在所有其他帝王陵墓中从未发现过，它无疑是秦陵的一个创举。

地下阻排水系统
秦陵地区的地层中存在有多层自东南向西北流动的地下潜水。因此在地宫修筑过程中遇到的一个最大的困难就是当下挖到潜水层以后如何排导地下水，而且还要考虑地宫建成后的防水措施。这组地下阻排水系统随陵园的自然地势而精心布设，让所有难题迎刃而解，也让全世界所有的工程专家都叹为观止。

米诺斯的迷宫

—— 探索克里特岛的米诺斯文明 ——

克里特岛位于爱琴海南部，是爱琴海上最大的岛屿，也是地中海交通的要冲。传说，在克里特岛居住的米诺斯人建立了克诺索斯王宫。王宫结构复杂，千门百室，廊道迂回曲折，人入其中往往迷途难返，因此被称为"迷宫"。在这个迷宫中还有一个可怕的牛头人身的怪物……千百年来，克里特岛一直笼罩在神话传说的神秘面纱之下。1900年，英国考古学家伊文思在这里发掘出了米诺斯王宫遗址。从此，神话不再是神话，传说也不再只是传说。

牛头崇拜
公牛在米诺斯文化中是力量和丰产的象征，是米诺斯人祭祀的对象。这只用黑皂石、贝壳和水晶制成的酒具呈牛头形，它可能在宗教仪式上盛过献祭动物的血。

克诺索斯王宫
克里特岛上的每一个主要城镇都围绕着一座巨大的宫殿修建而成，而克诺索斯王宫是其中最大的一座。这座宫殿有1000多间房屋，各个房屋由走廊、台阶和庭院连接起来，显得错综复杂。用来支撑宫殿的柱子是米诺斯人特有的上粗下细型木柱。屋顶上的装饰看起来很像公牛角。

航海与运输
米诺斯人擅长航海，他们拥有一支庞大的船队。他们围绕地中海东部航行，并能够轻而易举地横渡地中海。这些船队主要用来进行贸易活动。这是一艘从埃及回来的商船。

对外贸易
米诺斯的经济主要靠贸易，海外贸易尤其发达。米诺斯人主要出口橄榄油、葡萄酒、木材、羊毛绒、陶器、珠宝、刀具等物品。

居民生活
克里特岛上的居民大多是农民，他们饲养牲畜，如牛、山羊、绵羊和猪等，也栽种一些农作物、蔬菜和水果。在市场上，有人出售李子和葡萄，有人在卖肉，有些人在卖鱼、蟹和章鱼等海产品，还有一些人在出售陶罐。人们用驴驮货物进行环岛运输。

克里特岛上的文明

米诺斯的建筑
这个小小的赤陶模型为人们提供了一幅罕见的米诺斯别墅的三维视图。建筑内部有一道楼梯通向二楼，二楼大厅的圆柱支撑起一个平顶，而拱形的椽子上方则伸出了一个阳台。

克里特岛土地肥沃，气候温和，很早就有人类居住。约在公元前1800年左右，克里特岛进入了"旧王宫时期"。在此期间，米诺斯人建造了大型宫殿。公元前1700年左右，一场大地震毁坏了岛上的所有宫殿。后来，米诺斯人重建宫殿，进入了"新王宫时期"。这一时期，米诺斯的海外贸易非常发达。为确保海上运输的安全，米诺斯还建立了一支所向披靡的舰队，称霸整个地中海地区。约公元前1470年，一场神秘的灾难突然降临，克里特岛上的城市几乎同时遭到了毁灭性的打击。不久，这个称雄一时的海上霸国就消失了，到底是什么毁灭了米诺斯文明呢？

毁灭之谜

一些考古学家提出，是克里特岛附近的桑托林火山的爆发导致了米诺斯文明的毁灭。火山爆发不仅给克里特岛带来了致命的尘埃雨，而且引发了巨大的海啸，毁坏了海港城市，也摧毁了克里特人统治海洋的利器——船队。另一些考古学家则认为，是一个越海而来的异族入侵并毁灭了米诺斯文明。米诺斯文明虽然早已消失在蔚蓝色的地中海中，但是它所创造的文明并没有终结。希腊半岛上的迈锡尼继承了它的文化传统，成为爱琴文明新的中心。欧洲文明又开始了新的旅程。

米诺斯王宫遗址
米诺斯宫殿的遗址规模宏大，结构复杂，代表了克里特建筑艺术的顶峰。整个建筑群依山而建，面积约为1.6万平方米，拥有大小房间1000多间。图为米诺斯宫殿遗址的局部，约在公元前1600～前1400年建成。

农业与经济
米诺斯的农民们在岛上种植了多种作物，他们把自己收获的大部分粮食交给王宫。这些粮食被放入建在地面上的储藏室里，其中一部分粮食用来供养官员和支付宫殿里工匠的工钱，其余的则用于海外贸易。

小神殿

储藏室

宗教祭祀
这些女祭司们准备去神殿祭神。走在前面的祭司手中举着双头斧，斧是宗教的象征。中间一排女祭司挑着用作祭祀品的酒和油。后面的那个女祭司手里牵着一头将要献祭给神的小牛犊。

迷宫怪兽

相传，克诺索斯王宫的地下迷宫中囚禁着一个牛首人身的怪物米诺陶。米诺斯国王命令雅典每隔9年向米诺斯进贡7对童男童女，供米诺陶食用。后来，雅典王子忒修斯决心为民除害，杀死这个怪物。忒修斯在米诺斯公主的帮助下得到了一柄魔剑和一个线团。忒修斯把线头系于迷宫入口处，边走边放线团，进入迷宫深处。在那里，王子英勇无畏地用魔剑杀死米诺陶，然后循着线团顺利地走出了迷宫。

致命一击
公元400年左右制作的这幅马赛克镶嵌画，描绘了在错综复杂的迷宫中央，王子正准备给怪物米诺陶以致命的一击。

迈锡尼征战特洛伊

—— 探索迈锡尼文明 ——

公元前8世纪，希腊诗人荷马写下了两大史诗：《伊里亚特》和《奥德赛》。它们讲述了希腊早期历史上的迈锡尼人与小亚细亚的特洛伊人之间的一场血腥之战。荷马史诗的广泛流传，让许多人梦想找到那个征伐特洛伊的希腊联军统帅阿伽门农的故乡——迈锡尼。根据史诗中的描述，兴盛的迈锡尼是一个黄金富足的都市，曾以金银饰品闻名于世。荷马史诗所述是否属实呢？

木马计
木马计是古代战争史上使用突袭和诈败战术最著名的一个战例。在特洛伊之战中，围攻特洛伊的希腊联军由于久攻不下，便将自己制造的一个巨大木马遗留在营地上，佯装离去。放松警惕的特洛伊人以为希腊人逃之夭夭，就将木马作为战利品拉回城中。夜里，藏身木马肚中的希腊士兵打开城门，接应返回的希腊军队。特洛伊城由此失陷。

迈锡尼城堡遗址
迈锡尼城堡遗址呈三角形，城墙周长900米，占地面积约3万平方米。墙用粗糙的巨石垒叠而成，其间没有用任何黏合材料。墙的厚度平均达6米，最厚处达8～10米。城墙依山形而建，时起时伏，但多处城墙高度相同，约高出地面18米。迈锡尼城堡现在只残留狮子门附近的一段城墙，城墙内是一个光秃秃的荒坡。

狮子门
迈锡尼城堡的正门被称为"狮子门"。据考古证明，它建于公元前1300年左右。门两侧的城墙向外突出，形成一条过道，加强了城门的防御性。"狮子门"宽3.5米，高4米，门柱用整块石料制成；柱子上有一块横梁，重20吨，中间厚两边薄，形成一个弧形，巧妙地减轻了横梁的承重力。

雄狮装饰
横梁上面装饰有三角形的石板，石板上雕着两只狮子，狮的前爪搭在祭台上，威风凛凛地向下俯视着，形成双狮拱卫之状。

战争来临
战争是迈锡尼人生活的重要组成部分，国王和贵族都必须作为武士接受训练。当一座城市卷入战争时，国王就带领他的军队去打仗，他和他的贵族侍从们乘马车，而普通战士则步行。

步兵的装备
步兵们使用长矛和短剑作为武器，用盾牌进行防御。他们的盾牌分为两种，一种是很大的长方形盾牌，名为塔盾；另外一种较小巧轻便的盾牌则呈"8"字形。级别较高的军士可以穿青铜甲胄来保护自己，但普通步兵却没有这样的装备，他们只能靠自己的勇气和技能在战场上血拼。

"8"字形盾牌

塔盾

证实荷马史诗

迈锡尼文明是希腊本土第一支较为发达的文明，公元前17世纪中期至公元前12世纪盛极一时。迈锡尼人曾向外扩张，侵入小亚细亚西南沿海一带，特洛伊战争正是迈锡尼人与特洛伊人争夺海上霸权的一场交锋。19世纪，英国考古学家在迈锡尼遗址上发掘了9座古代公墓，这些圆顶墓属于青铜时代中期，大约相当于公元前1500～前1300年。人们在墓中发现了荷马史诗中描述的武器，以及许多黄金饰品和器物，从而证实了荷马史诗所述的真实性。

迈锡尼城邦

迈锡尼奴隶制城邦国家早在公元前1500年就已形成，并建造了坚固的城堡。城堡的城墙是用巨石垒成的，城门上有两只雄伟的石雕狮子，这就是著名的"狮子门"。这种形式的城门在当时的希腊十分盛行。

黄金面具

在迈锡尼墓穴遗址中发现了这具摄人心魄的黄金面具。发掘者海因里希·谢里曼以为它是属于传说中的迈锡尼王阿伽门农的。但后来的研究表明，出土这具黄金面具的墓葬，其年代约在公元前16世纪，比阿伽门农生活的年代要早三四百年。

揭开尘封的历史

当时的迈锡尼人普遍使用一种被考古学家称为"线形文字乙种"的文字系统，这种文字属于希腊语，是一种音节文字。这种文字在1952年被解读成功，人们得以进一步了解迈锡尼的兴衰历史。大约在公元前12世纪，迈锡尼人倾国出兵，远征小亚细亚的富裕城市特洛伊，战争长达十年。这场旷日持久的战争消耗了迈锡尼大量的人力、物力和财力。不久，它就被南下的强悍民族多利亚人所征服，文明因此急剧衰亡。希腊早期文明也由此倒退到没有文字记载的"黑暗时代"。

野猪牙头盔的来历

这种头盔只有国王和立有战功的贵族才有资格佩戴。头盔的里层交织着许多坚韧的皮条，并附有一层毡制的衬里，外层巧妙地装饰着雪白闪亮的野猪獠牙。国王和贵族们在和平时期驾驶马车去打猎，他们把打猎时杀死的野猪的獠牙取下来，装饰他们的头盔。

战斗的间歇

这原本是一尊双耳陶瓶上的绘画，它再现了荷马史诗《伊里亚特》中的一个情节：希腊英雄阿克琉斯和埃伊斯正在玩掷骰子的游戏。虽然两人看上去都已沉浸于游戏之中，但却都手持长矛，严阵以待，准备随时开始战斗。这种瓶绘艺术是古代希腊艺术家在装饰艺术上的一种独特创造。

特洛伊之战

据荷马史诗记载，希腊第一美女海伦被特洛伊的王子帕里斯诱后，海伦的丈夫斯巴达国王决心复仇，于是向其兄迈锡尼国王阿伽门农求助。阿伽门农组织了拥有1000艘战舰、10万士兵的希腊联军远征特洛伊。希腊联军与特洛伊的战争旷日持久，互有胜负。最后，阿伽门农采纳了奥德修斯提出的"木马计"才攻陷了特洛伊。

美女海伦的雕像

奥林匹克运动会的起源

—— 古希腊高度发达的文娱活动 ——

四年一度的现代奥林匹克运动会，是世界各国人民生活中的一件大事。每到这时，人们或者亲临现场，或者围坐在电视机旁，争看各国健儿奋勇拼搏、争金夺银。如果问起现代奥运会的历史，一些"奥运迷"会脱口而出：第一届现代奥运会于1896年在希腊雅典举办，至今已有100多年的历史了。但是，若要问奥运会是如何起源的，恐怕很少有人能真正说清楚。

掷饼者

这是公元前5世纪中叶米隆雕刻的复制品。此雕刻描绘了古代奥运会五项全能运动中的一项——掷饼。在奥运会中赢得一场竞赛的胜利，不仅会给运动员，而且会给他的家庭和他所在的城邦带来巨大的荣誉。

盛大的体育赛事

关于奥运会的起源有诸多的神话传说，大多为虚构，但能反映出其与宗教的关系。据记载，古代奥运会最初只有赛跑一项比赛。公元前7世纪，增加了赛车和赛马竞技。公元前472年，赛事的规模进一步扩大，比赛的时间也由最初的1天延长至5天。奥运会第一天不举行比赛，人们为天神宙斯举行隆重的献祭仪式；第二天主要举行赛车和赛马，以及五项全能比赛；第三天举行17~20岁之间青年的比赛；第四天举行成年男子的单项比赛。比赛在第五天结束，这一天将为优胜者举办庆祝宴会。

五项全能

五项全能是为最优秀的运动员设立的一项比赛，也是古代奥运会的重要项目。它包括五个比赛项目：赛跑、跳远、掷标枪、掷饼和摔跤。

掷饼

所掷的饼是很重的石头或金属圆盘，后来多为铁制，也称"铁饼"。比赛时，竞技者右手握饼，向身体右侧转动，经转动数次后，其左脚向前迈出一步，利用腿部和躯干的力量使身体向左旋转，同时张臂松手，将饼掷出。只有投掷得远并且姿势优美的竞技者，才能获得这个竞赛项目的优胜。

马拉松项目

此项目是为了纪念一名叫做菲里皮得斯的战士而设立的。公元前490年，为了向雅典报告马拉松战场的胜利消息，他一口气跑了35千米。

奥运圣火

奥林匹克火炬接力跑起源于古希腊雅典城邦祭月活动中的一种宗教仪式。在夏至那一天，到雅典朝圣宙斯的信徒们通过赛跑的方式决定点燃祭坛上圣火的人选，胜利者从大祭司手中接过火炬点燃圣火。

考证起源

虽然大多数人认为奥运会是古代希腊人的创举，但也有人认为古希腊人的奥运会是从腓尼基传入的。有考古学家从腓尼基文明的体育场遗址、铸有运动员形象的硬币和腓尼基史诗中，考证出首次世界性的体育比赛早在公元前15世纪就在腓尼基举行了。这种传统传播到地中海地区被古希腊人吸收后才确立了古代奥运会的雏形。到公元394年罗马皇帝提奥多西一世下令取缔时，这项古代赛事已延续了千年之久。

美好的传说

传说，古代第一届奥运会于公元前776年举办，起源于一场事关爱情和王位的角斗。古希腊城邦波沙的国王艾诺麦有一个女儿，叫基波达米娅。为了给女儿挑选一位佳婿，国王命令求婚者必须和自己赛车，胜利者迎娶公主，而失败者则被刺死。由于国王勇力过人，先后有13名求婚者死于他的长矛之下。但求婚者中有公主的恋人皮罗西，于是公主暗中作弊，使皮罗西获胜。为了庆祝胜利，皮罗西在波沙城以西的奥林匹亚举行了盛大的祭典，感谢天神宙斯对他的保佑。在祭祀仪式中，皮罗西又安排了运动竞技活动为人们助兴。古代奥运会就这样诞生了。

天神宙斯
宙斯是希腊神话中的最高神明，传说奥运会就是为了敬奉他而设立的。这尊宙斯青铜像大约制作于公元前460年左右。

赛车

赛车是最受欢迎的竞技项目之一。这种比赛观看起来非常令人激动，但比赛本身却非常危险，因为驾车人常常因摔下车而死亡。赛车竞技中通常有四组马车一起参赛，驾车人分别穿着红、蓝、绿、白四种不同颜色的服装，以此表明他们属于哪一组。

胜利者的奖赏
奥林匹克运动会上的优胜者将获得用橄榄枝叶做成的花冠，这在当时是一种无上的荣耀。

裸体参赛

除赛车外，所有参加比赛的运动员都是裸体的，他们在比赛前周身涂油，赛后再用青铜刮刀把油脂刮掉。

跳远
古代奥运会中的跳远比赛一般采用"持重跳远法"。竞技者双手要各握一个石制品或金属制作的物品，它们的形状与今天使用的"哑铃"相仿，重量约为2千克。手持重物是为了增加跳远时的前冲力量，并保持落地时的身体平衡。

掷标枪
当时用于竞赛的标枪是一种木矛。掷标枪比赛分投远和掷准两种。运动员在进行投远竞技时，标枪上需安装一个无锋刃的金属矛头，用于增加力量并保持平衡；在进行对准目标的比赛时，则改用一个有锋刃的金属矛头，以投中的多少来确定最后的优胜者。

摔跤
摔跤是一种角力项目，其参赛者必须将对方三次摔倒在地，并且要让对手肩背着地才算胜利。

谁杀了亚历山大大帝

—— 马其顿帝国与传奇国王的征服史 ——

亚历山大大帝堪称世界历史上最成功的军事指挥家之一。公元前323年，这位骁勇的统领决心以巴比伦为根据地，进攻阿拉伯半岛。进攻开始的前几天，亚历山大在宴会上尽情畅饮，那天深夜，他病倒了。12天以后，正值壮年的亚历山大离开了人世，年仅32岁。到底是什么让这位天才英年早逝的呢？

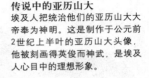

传说中的亚历山大
埃及人把统治他们的亚历山大大帝奉为神明。这是制作于公元前2世纪上半叶的亚历山大头像，他被刻画得英俊而神武，是埃及人心目中的理想形象。

伟大的军事天才

亚历山大(前356～前323年)出身于当时军事力量强大的马其顿王国，他从父亲腓力二世国王身上继承了独特的军事思想；在老师——哲学家亚里士多德的启发下，他萌生了对世界的好奇心，也获得了探索未知世界的动力。亚历山大继承王位后，在仅仅10多年的时间里，他就建立起西起巴尔干半岛、尼罗河，东至印度河的庞大帝国。尽管他有无可比拟的军事天才和异乎寻常的号召力，但他也是一个粗暴残忍、喜怒无常而且经常酗酒的人。人们认为正是不懂克制的性格使他树敌颇多。

盾牌手
盾牌手在方阵的边上作战，保护没有防护措施的方阵右翼。盾牌手还随身配备双刃短剑。

亚历山大的老师
亚历山大13岁时，拜希腊著名哲学家亚里士多德(前384～前326年)为师。

第一个成就
亚历山大十几岁时就已是骑马高手了。他被载入史册的第一件事是：十二岁时驯服了当时无人敢骑的烈马——布塞弗勒斯。在随后的几年里，布塞弗勒斯陪伴着亚历山大南征北战，出生入死。这座骑马青铜像表现的正是亚历山大和他的爱骑。

驯服布塞弗勒斯
亚历山大注意到布塞弗勒斯是被自己的影子惊吓坏了。所以，他在驯服它时，把它的头转向了太阳，这样布塞弗勒斯就看不到自己的影子了。

无畏的统帅
亚历山大是一个英勇无畏的统帅。每次战斗中，他总是骑着自己心爱的战马——布塞弗勒斯冲在最前面。剑、匕首、大棒和石头等各式武器，在亚历山大身上留下了大大小小数十处伤痕。

解开死亡之谜

通过对历史资料的搜寻和研究，人们对亚历山大的神秘死亡原因主要持两种观点：一种与毒药有关；另一种来源于皇家日记，上面有亚历山大死于疾病中高烧的记载。哪一种说法更加可信呢？医学家通过历史资料中的症状描述首先排除了疾病致死说，认为有关高烧的描述很可能是虚构的。而后，毒药学专家借助最新的医疗模拟技术了解到亚历山大生命最后时刻可能出现的中毒反应，并据此从25种古希腊毒药中筛选排除得出一种毒性植物——菟葵。那么，亚历山大是有人故意投毒谋杀的吗？疑点之一是马其顿是一个讲究男子汉气概的民族，他们更愿意用剑而不是毒药杀死某人。在研究古代医生的治疗方法时，人们震惊地发现菟葵在当时被当做药物服用，但古代医生很难把握这种药物的治疗和致害的界限，所给出的剂量常常达到中毒量。为了尽快实现进攻计划，身体不太舒服的亚历山大很有可能是因服用过量的菟葵而酿成了悲剧。

尖锐的长矛
马其顿士兵的长矛长达6米，这个长度正好可以使方阵的士兵在一个安全的距离内攻击敌方士兵。

方阵战术
亚历山大大帝是一个出色的军事家，善于使用方阵战术。他命令自己的步兵手持长矛，组成令人生畏的密集步兵方阵。方阵的右翼由盾牌手防护，前方则由骑兵充当前锋。这种方阵只能前进不能后退，具有极强的攻击力，往往将对手打得溃不成军。

作战部队
亚历山大有两支主力作战部队：一支是骑兵部队，包括马其顿骑兵和塞萨利骑兵；另一支是马其顿步兵团，步兵团士兵运用方阵战术，与整个部队中最剽悍勇猛的马其顿盾牌手一起作战。除此以外，作战士兵还包括重装备步兵、克利特弓箭手、巴尔干投标手、投石手和色雷斯侦察兵。

全副武装的马其顿士兵

可以保护双颊的铜头盔

盾牌用来保护士兵的左侧

组成密集方阵的单个步兵

用于保护小腿的护胫甲

制作军队装备

亚历山大的士兵所装备的盾牌、头盔和武器都是由能工巧匠手工制成的。做盾甲时需要使用铜片，将之打造成型即可。而做矛头和剑时则需要用铁，这是因为铁更加坚硬。铸剑的方法是：先将铁放在炭火中加热到可以任意造型的程度，加热温度达到1200℃；然后不断地敲打已经加热了的铁，直到把它敲成剑的形状，这要耗费数小时的时间；最后把剑投入冷水中，让它变硬，然后再在磨石上打磨抛光。

马其顿士兵的甲胄

母狼传说与七丘之城

—— 探索古罗马建城的传奇 ——

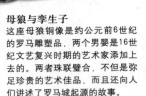

意大利人骄傲地称他们的首都罗马为"永恒之城"，因为据说罗马城早在2700多年前就已经在台伯河畔巍然矗立了。走进今天的罗马博物馆，你可以看见一座奇特的青铜雕塑：一只母狼侧着脑袋，竖起耳朵，警惕地注视着前方；母狼腹下有两个男婴，他们正贪婪地吮吸着母狼的乳汁。这座青铜塑像不但是上乘的艺术佳品，而且讲述着一个关于罗马城起源的神话故事。由于有关罗马城的起源至今都没有可靠的信史，人们不禁会产生疑惑：古罗马城到底是怎样形成的呢？

母狼与孪生子
这座母狼铜像是约公元前6世纪的罗马雕塑品，两个男婴是16世纪文艺复兴时期的艺术家添加上去的。两者珠联璧合，不但是弥足珍贵的艺术佳品，而且还向人们讲述了罗马城起源的故事。

母狼传说

相传小亚细亚的特洛伊城被希腊人攻陷后，该城的英雄伊尼亚来到意大利海岸一个叫拉丁的地方建起城邦，世代为王。国王努米多尔在位时，他的弟弟阿穆留斯篡夺了王位。

不久，努米多尔的女儿生下一对孪生子。阿穆留斯下令把孪生子投入台伯河，孩子们幸运地没有被淹死。一只母狼发现了他们，它用乳汁喂养他们。后来，一位牧人收养了他们。兄弟俩长大后，杀死了阿穆留斯，夺回了王位。公元前753年，兄弟俩在台伯河畔建起了一座城邦。哥哥罗慕洛斯以自己的名字给新城命名，后来逐渐转音成"罗马"。

垄断贸易
罗马统治地中海地区后，垄断了整个地中海的贸易。这是在罗马港口奥斯提亚的一座坟墓中发现的壁画。图中右下角的搬运工正在往小商船上搬粮食。船头坐着一个搬运工，他伸出手，似乎正在向大家请求："让我先歇一会儿吧。"

乡村生活
富裕的地主一般住在城里，雇佣管家和奴隶在城外的庄园为他们劳动。还有一些农民生活在乡村，他们种植葡萄、橄榄和各种蔬菜，也饲养绵羊和山羊以生产羊毛和奶。

七丘之城

　　母狼哺婴毕竟只是一个传说。考古学家们认为，罗马建城的年代要比传说中晚得多。它是由拉丁人在台伯河南岸的7座小山丘上建立的，所以又被称为"七丘之城"。到公元前6世纪末，先后有7个王统治了罗马城，这一时期被称为王政时代，这正是罗马从原始社会向奴隶社会过渡的时期。此时，罗马城设有元老院和公民大会，由公民大会选举产生王。公元前509年，罗马人推翻了第7个王的残暴统治，进入了共和时期。

萨宾妇女

　　传说罗马建成初期，妇女稀少，因此导致了严重的性别失衡。由于别的部落都拒绝把女子嫁入罗马城，罗马王决定抢人。

　　一次，罗马士兵利用节庆聚会之际，劫夺了邻近部落萨宾人的妻女。萨宾人发誓要报复。经过一年多的准备，萨宾人向罗马人宣战。双方正在厮杀时，传来了妇女们的哭号声。被抢去的萨宾妇女抱着孩子，冲到两军阵前，苦苦哀求自己的父兄和丈夫停止残杀。最后，罗马人与萨宾人订立和约，合为一家，共同在罗马城里生存繁衍。

汲取希腊文化的营养

古罗马人十分喜爱古希腊艺术，尤其是古希腊雕刻艺术。这尊维纳斯塑像是古罗马人仿照公元前5世纪古希腊雕塑家卡利马科斯的作品雕刻而成的，具有十足的希腊风格。

里程碑

路旁低矮的石碑上刻着罗马数字，它告诉旅行者离城还有多远。

罗马的道路

罗马的道路是士兵和奴隶修建的，供军队、信使、旅行者和商人使用。这些笔直平坦的大道沿尽可能直的路线修建，碰到大山就挖凿隧道，遇到河流则修建桥梁。由此形成的道路网把七丘之城紧密地联系了起来。

路边旅店

人们在旅途中经常要停下来，到路边的小旅店吃饭睡觉。不过，这些旅店供应的食品和水质量都很差，还有一些旅客喝醉酒后大吵大闹。

路上的争吵

这辆马车里坐着一个古罗马的富人。他出行时乘坐自己的双驾马车，用奴隶作为车夫。他们的车与别人的车狭路相逢，但双方都不肯让路，于是争吵了起来。

这个标志表示有酒供应

交通工具

古罗马人的道路上的交通工具多为马车和牛车。马一般用来骑行和拉轻便的车，而牛用来运输沉重的货物。

失踪的古罗马军队

—— 古罗马的军队与军事战争 ——

头盔

青铜护面

用金属条做
成的胸铠

短袖束
腰外衣

鞋底带钉的
防滑皮凉鞋

一个古罗马步兵战士

公元前53年，罗马"前三头同盟"的巨头之一克拉苏发动了对帕提亚(今伊朗一带)人的战争。在对敌方环境特点一无所知的情况下，克拉苏贸然派遣了7个军团的步兵、8000名骑兵前往作战。在帕提亚重装骑兵的引诱下，罗马军队深入美索不达米亚平原的西部沙漠地带。由于罗马人既不习惯沙地作战，又不熟悉战场环境，一仗下来，就有2万多罗马人被杀，1万多人被俘，克拉苏本人也战死沙场。所幸的是，克拉苏之子率领第一军团所剩的600余人突围成功，但突围之后的他们却如泥牛入海，杳无音讯。他们究竟去了哪里呢？

奇特的外国军队

20世纪后期，有人在中国史书上找到了线索。据《汉书·陈汤传》记载：公元前36年，汉军在与北匈奴郅支单于的军队作战时，发现一支善"摆鱼鳞阵研习用兵""土城外修木城"的外国军队很难对付。汉将陈汤所部降服这支军队后，将俘虏士兵收编，让他们协助汉军戍守边疆。据《汉书·地理志》记载，西汉政府为了方便他们的驻防和生活，特在祁连山下划出一块地方，设县筑城，这就是骊千古城。善"摆鱼鳞阵研习用兵"、在"土城外修木城"正是古罗马军队的典型特征。《汉书》上记载的这支奇特军队会不会就是这支突出重围的罗马军队？

攻城
罗马人作战顽强，即使是防御完善的城市也会被他们征服。罗马人先是把城市包围得水泄不通，不让任何人逃走，然后使用各种聪明的技巧攻进城去。这就是罗马军队攻打一座有城墙堡垒的城市的场面。

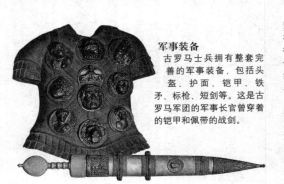

军事装备
古罗马士兵拥有整套完善的军事装备，包括头盔、护面、铠甲、铁矛、标枪、短剑等。这是古罗马军团的军事长官曾穿着的铠甲和佩带的战剑。

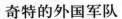

罗马兵役
在罗马共和时期，每个拥有土地的男子都被要求服一段时间的兵役。到了帝国时代，大多数罗马士兵都受过良好的军事训练，他们把从军作为自己的职业。当然，军队也必须按期支付士兵工资。

奔赴战场
罗马军团开赴战场时要带上所有装备和辎重。除武器外，各军团还要带上至少3天的食物，以及建筑营房、开挖水渠和铺路架桥用的工具。每个军团上战场时都带着一只银鹰，鹰如果落入敌人手中，这个军团就会被解散。

搭建营房

罗马军队在行军时每夜都要搭建帐篷营房。所有营房的设计都是相同的，每个受过训练的罗马士兵都知道怎样快速扎营。士兵们首先要平整出一块方形的宿营地，然后沿地基边缘挖一条深沟，再将土高高堆起，并在上面打上木桩。他们在木桩之间穿插树枝，形成几道坚固的墙壁，再罩上皮质防雨布，营房就建成了。另外，在营房附近设有望塔，里面有哨兵轮班值守，如果有敌人进攻，哨兵会很快通知部队做好战斗准备。

阵亡士兵的墓碑

在战斗中阵亡的罗马士兵会被隆重安葬。这块墓碑是为了纪念一位名叫盖厄斯·罗马尼厄斯·卡皮特斯的古罗马士兵而立的。这位士兵生于公元1世纪，在40岁时战死。

攻城塔

攻城塔是古罗马军队特有的攻城工具，威力无比。攻城塔是用木头搭建的，高度超过了一般城市的城墙与堡垒，士兵通过攻城塔进入城中，打败敌人。

鱼鳞阵

这是古罗马步兵兵团最擅长用的阵法，士兵们在盾牌的掩护下前进。

攻城塔上有吊桥。靠近城墙堡垒时，吊桥被放下来搭在城墙上，士兵们可以跨过吊桥冲进城去。

士兵们通过塔内的楼梯爬到顶部与敌人作战。

便于把攻城塔拉近城墙的斜坡

廊道

通过廊道，士兵们可以安全地靠近城墙。

投石机

这也是古罗马军队强有力的攻城武器之一。它用于把重石投向城墙，毁坏城墙设施或砸死伤敌方士兵。

罗马军团

一个罗马军团大约由5000名步兵组成。每个军团都有9个规模相等的中队，此外还有一个第十中队，它规模较大，地位也较优越。一个中队又被分为6个百人队。起初一个百人队有100人，但后来被削减到80人，以便管理。

寻找遗踪

一些史学家推断这支奇特的外国军队很可能就是克拉苏的残部。他们突出重围后一直在伊朗高原上辗转流徙，后来成为郅支单于的雇佣军。在距骊千古城不远的地方，生活着一些长得颇像欧洲人的居民，可能就是罗马人的后裔。但也有专家持不同看法，他们认为从公元前至今已有2000多年，其后代已不太可能保持先人的体型特征，何况中国西北地区自古以来就是一个种族混杂的地方，这批居民不一定就是古罗马人的后代。看来，要真正解开这个谜，还有待时日。

恺撒之死

—— 古罗马"前三头"统治的分崩离析 ——

公元前44年3月15日，在罗马元老院议事厅里，一个人被一群手拿短剑和匕首的阴谋分子团团围住，他身中23剑之后，倒在了庞培雕像的脚下。他就是尤里乌斯·恺撒，古罗马共和国著名的军事家、政治家。在这群刺客中，有恺撒一向器重、深信不疑的部下和朋友。恺撒，这位古罗马历史上赫赫有名的人物为什么会被阴谋刺杀，并且遭到他的朋友的背叛呢？

不祥的梦
恺撒的妻子试图阻止恺撒去元老院参加会议。因为她在前一天晚上做了一个可怕的梦。她梦见丈夫躺在自己的怀里，但已经被人刺死了，身上的伤口还在流血。恺撒的妻子心中十分不安。她向恺撒述说了自己的噩梦，认为这是不祥的预兆，要求他不要离开家。恺撒有些犹豫了。

恺撒征服高卢
在恺撒军队的进攻下，高卢人惨败。但他们宁愿自杀，也不愿投降。在这座雕塑中，高卢人先杀死自己的妻子，后又自杀。

失之交臂
恺撒的朋友阿尔提米多洛斯把一个记着刺杀阴谋消息的纸卷递给他，并叮嘱他马上看一看。由于遇到的请求者一个接一个，直到走进元老院庞培议事厅，恺撒也没来得及打开这个纸卷。

政治生涯

公元前60年，恺撒同当时罗马的权势人物庞培和克拉苏达成秘密协议，结成"前三头同盟"，联合起来与元老院贵族抗衡。然后恺撒先后出任执政官和高卢总督，逐渐为自己积累了丰富的政治、军事资本。后来，克拉苏在远征东方帕提亚人的战斗中兵败被杀。不久，恺撒又和庞培公开翻脸。公元前48年，恺撒击败了唯一的劲敌庞培。

居心叵测的邀请
作为密谋分子之一的布鲁图是恺撒的部下，恺撒非常信任他。布鲁图来到恺撒家里，居心叵测地邀请恺撒，劝说恺撒不要给人以指责他高傲的新口实，应亲自去元老院一趟。在布鲁图的极力劝说下，恺撒最后答应前往元老院。

神秘而灵验的占卜
在途中，恺撒遇到了一位占卜师。这个占卜师很久以前就预言过恺撒将在3月15日有危险，现在他又一次警告恺撒要小心。但恺撒根本不相信占卜，他还玩笑地说："3月15日已经到了！"占卜师反驳道："是啊，已经到了，但还没有过去。"

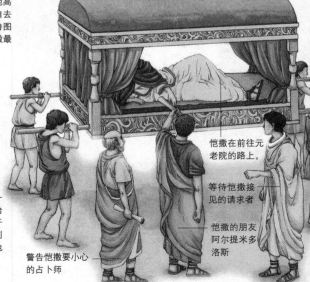

恺撒在前往元老院的路上。

等待恺撒接见的请求者

恺撒的朋友阿尔提米多洛斯

警告恺撒要小心的占卜师

独裁惹祸

公元前45年9月，恺撒在转战埃及等地后，胜利凯旋。在罗马，他成为集军、政、司法大权于一身的独裁者。当时的罗马是一个城邦制共和国，人们在很早就定下不成文的规矩：如果谁想当国王，罗马神人共戮之。恺撒不敢公开称王，但他的权势已胜似一国之君。恺撒的独裁统治使过去拥护他的许多人离开了他，也使一部分元老贵族对他十分不满，这些人在暗中组成了一个密谋集团。公元前44年3月15日，他们刺杀了恺撒。

恺撒的名字

恺撒的名字后来成为了一种专有名词。许多帝王将他的名字当做一种头衔，象征威望。例如，德国皇帝称Kaiser，俄罗斯为Czar（沙皇），都是源自"Caesar（恺撒）"一词。

恺撒

手持匕首刺杀恺撒的阴谋分子

血腥的谋杀
恺撒进入议事厅后，密谋分子按照预定计划开始行动。一个密谋分子突然扯了一下恺撒的外袍，这正是动手的信号！密谋分子们立刻将恺撒团团围住，纷纷拔出匕首刺向他。

庞培雕像

绝望
起初，恺撒还在奋力抵抗。但当看到自己一向深信不疑的布鲁图也拿着匕首走过来时，他绝望地喊道："布鲁图，连你也要杀我吗？"在这之后，他便停止了反抗，直到流血过多而死去。在他倒下的地方，安放着一尊庞培的雕像。

布鲁图

恺撒死后
恺撒死后，共和制并没有恢复。随着罗马的扩张、疆域的扩大，共和制不能适应统治的需要。后来，恺撒的养子屋大维建立了罗马帝国，实行独裁的元首制度，这也是历史的必然。

恺撒的军团
浮雕中刻着罗马军团的士兵作战的情景。一个罗马军团拥有5000个士兵。罗马拥有数十个这样的兵团，因而军事力量非常强大。每当士兵们征服一块新的土地，大量的战利品便涌入了罗马。军团也给其统帅们带来了强大的政治资本。

消失的庞贝古城

——— 探索古罗马的城市文明 ———

1750年，一群意大利农民在维苏威火山下挖掘水渠。人们翻开泥土，发现了一些金光闪闪的金币。发现金币的消息很快传播开来，从四面八方赶来的人在火山下不停地挖掘，各式各样的金币，陶器、瓦罐等等。有一个人挖出了一块大理石石板，上面用拉丁文刻着"庞贝"的字样。人们震惊了！原来，传说中那个神秘消失了1000多年的罗马城市——庞贝，就在他们脚下！

宗教建筑

在庞贝城广场的西侧，有一组庞大的宗教建筑群——阿波罗神庙，庙前耸立着这座精美的阿波罗青铜像。神庙的建筑结构与风格正是典型的希腊化建筑式样，这体现了希腊文化与庞贝文明有着显而易见的联系。

第六感

成群的海鸥从城镇上空飞走了，它们可能已经预感到将有什么灾难发生。一些动物有比较灵敏的第六感，往往能预知灾难的降临。可惜，当时庞贝人并没有注意到这些征兆。

公共交通

庞贝城街道的路面上铺着石块、石板，有些大街的街石已被金属车轮碾出深深的辙印。大街上有独特的"人行横道"，每隔一步设一块高出路面数厘米的石头，好像乡村小溪的过河石，这使得下雨时过街鞋子不会被打湿。

墙上的布告栏

每年7月，市民们都要选举市政官员。从春天起，全城就开始热闹起来，墙上的布告栏上涂满了红色或黑色的竞选告示。由于没有专供竞选宣传的地方，所以居民们都在自己房屋的正墙上涂涂写写，以表达对心目中理想候选人的支持。

即将喷发的维苏威火山

送毛毯的人

就在火山爆发之前，一个毛毯店的伙计还在给顾客送毛毯，他却根本不知道这种东西再过一会儿就根本用不着了。

过街石

庞贝城的历史

公元前10世纪，庞贝还只是一个小城镇，它最早是由奥斯克人建立的，奥斯克人以农业和渔业为主要生产活动。公元前6世纪，希腊人看中这儿是海上商道的一个重要据点，于是在这里定居下来。他们在庞贝建起了希腊多利亚式的神庙，并带来了崇拜阿波罗神的信仰。后来，庞贝在罗马强大的军事威胁下被迫屈服，成为罗马的一个城市。

公共娱乐生活
庞贝人嗜好血腥的角斗士表演，这已经成为庞贝人公共娱乐生活的重要组成部分。这种竞技表演在庞贝经常举办，颇具规模，由此还出现了许多专职的角斗士。这个头盔就是角斗士在角斗时防护面部的装置。

城市雏形
整个庞贝城的面积大约有1.8平方千米，四周围绕着4800多米长的石砌城墙。由南到北，由东到西各有两条笔直平坦的大街，把全城分成9个城区，每个城区又有许多小街小巷纵横相连。

基础设施
庞贝城里有用于供水的基础设施。大街上的每个十字路口都有石制水槽，高近1米，长约2米。砖石砌成的渡槽将城外高山上的泉水引进来，导入地势最高的水塔里，然后分流到各个公共水槽里去，以供居民用水。

儿童游戏
这些孩子们正在玩抓子游戏。这些子是用从羊腿上取下来的小骨头磨制而成的。

维苏威火山

维苏威火山位于意大利中南部的那不勒斯湾的海滨。这里土地肥沃，气候宜人，很早以前就有人居住。公元初年，著名的地理学家斯特拉波根据历史记录和地貌特征，判断这是一座死火山，庞贝人对此深信不疑。但公元79年，它却在人们毫无防备的情况下突然爆发了，并彻底毁灭了庞贝城。在以后的岁月里，它又有过多次喷发。1845年，人们在这里建起了世界上第一座火山观测站。

维苏威火山

死亡之谜

公元79年8月24日，维苏威火山突然爆发。瞬息之间，火山喷出的灼热岩浆遮天蔽日，四处飞溅，庞贝遭遇毁城之劫，许多居民因此遇难。但是庞贝城离火山还有一定距离，居民们为什么没能及时逃走呢？一些科学家认为，火山喷发时空气会被岩浆和火山灰所含的大量硫、磷等有毒元素污染，庞贝人很可能是被毒气熏死的。

双耳罐
葡萄酒储存在这种双耳陶罐里，罐口用软木塞和泥密封。

柜台
陶罐嵌入柜台里。这里为顾客们提供糕点、炖菜和葡萄酒。

壁画

印第安人的传奇身世

—— 探索早期美洲文明 ——

世界上每个古老民族的早期历史都是一个谜，美洲印第安人也不例外。1492年10月，航海家哥伦布来到了美洲巴哈马群岛，他以为这里是东方的印度，所以他把这些黄皮肤、黑头发的土著居民称为"印第安人"，意为"印度的居民"。后来人们才知道，这里其实是美洲。可"印第安人"这个称呼却将错就错地叫了500多年。如今，人们一致认为印第安人是美洲最古老的居民，可是他们究竟是在此土生土长的，还是从其他地方迁来的呢？

印第安文化

最早来到美洲的人类属于蒙古人种，后来被称为"印第安人"。印第安人依靠自己的劳动和智慧开拓了美洲。他们中的奥尔梅克人、玛雅人、阿兹特克人和印加人，先后创造出了独特的文化。这是印第安人的羽毛头饰，现在成为印第安部落的象征。

岩画艺术

这是美洲西南部古代印第安人留下的精美艺术作品——岩画。他们利用矿石的自然颜色，使用石质工具在峡谷的峭壁、岩石上和洞穴里绘制和雕琢，创造了许多不朽的艺术作品。

来到美洲

迁徙而来的人们向南发展，穿越了整个美洲大陆。在迁移过程中，人们分散开来，定居在平原、丛林、大山、沙漠和冰冷的荒地上。每个区域都出现了不同的生活方式，各种文明也得以发展起来。

平原上的猎人

最初，来到美洲的人们四处猎取体形大的动物，如猛犸、马等。后来，这些动物渐渐灭绝或变得稀少了。生活在大平原上的人们于是猎取野牛或鹿等其他一些小型动物，以获取肉和皮。动物的皮被刮干净后，被用来做成衣服和帐篷。

猎人装扮成野狼的样子，以迷惑野牛。

一个勇敢的猎人掷出长矛，射中了这头野牛。

迁徙美洲的居民

由于在美洲各地的考古发掘中，至今仍未发现人类和现代人猿的共同祖先——古猿化石，所以大部分学者都赞同这种观点：美洲不是人类的发源地，在这里的印第安土著是从外地迁移过来的。很早以前，美洲大陆上荒无人烟，是动物的天堂。在旧石器时代晚期约2～2.5万年前，美洲大陆上有了第一批人类，他们就是印第安人的祖先。他们是从哪里来的呢？

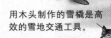

用木头制作的雪橇是高效的雪地交通工具。

被驯化的狗用来牵引雪橇。

欧洲说与亚洲说

　　一些学者认为印第安人是从欧洲穿过乌拉尔山，然后由西伯利亚进入美洲的。可是根据考证，在旧石器时代晚期，里海曾经发生大面积的海侵，欧洲和亚洲由此分开，而当时的人类决不可能有能力越过这一大片水域。另一种较为合理的说法是：古代印第安人是亚洲人的后裔，他们通过亚洲东北端离美洲最近的地方——白令海峡到达美洲。古地质学研究表明，约在7万年前，海平面曾大幅度下降，水深较浅的白令海峡因此露出地面，形成陆桥，把亚洲大陆和美洲大陆连接了起来，古代印第安人可能就是通过陆桥由亚洲进入美洲的。

沙漠部落

在美洲西南部的沙漠里，人们靠猎取小动物，采集坚果、种子和野生水果为生。后来，一些部落还学会了种玉米、蚕豆和南瓜。

这种房屋的一部分建在地下。

这个人在采摘仙人掌的果实。

背水的筐子里面涂上了植物胶，可以防止渗水。

劳作生活

这个小雕像描绘了一个正在劳作的古代美洲妇女：她跪在一堆谷穗上，面前放着凹形磨盘。

奇特的墓地

　　蛇形土墩是2000多年前北美洲阿德纳人的神圣墓地，它长达数百米，高出地面1米多。最初，死者的亲属将尸体或骸骨放在用树皮覆盖的浅坑里，然后用土在上面堆起一个小丘。随着时间的推移（通常要经过数代的变迁），越来越多的人埋葬在这里，使得墓丘的规模越来越大，土墩也越来越长，于是就形成了这样的蛇形土墩。

蛇形土墩

丛林部落

生活在丛林的部落靠猎鹿、捕鱼和采集浆果为生，同时也栽种一些作物，如玉米和向日葵等。他们甚至还开始饲养一些牲畜。

树皮屋顶

用于排烟的小孔

明亮的冰窗户

这是圆顶冰屋的剖面图。

这个坑道可以防止冷空气进入屋里。

北极区的猎人们

定居在北极的人不得不在北极区寒冷的天气里生存。他们捕鱼、猎取海象和海豹，用它们的肉作为食物。他们还用冰块修建圆顶冰屋，以抵御寒冷。这些留在北极区的人们，在冰雪覆盖的极地气候条件下形成了独特的生活方式。他们的后代被人们称为因纽特人。

墙壁是用细树枝编成的。

中美洲文明之母

探索古老的奥尔梅克文明

人们一度认为，玛雅文明是中美洲最早的文明。但是，1938年，一支考古队在墨西哥海湾附近的森林里发现了十几颗巨大的玄武岩头像。这些头像用整块玄武岩雕成，其中最重的达30余吨，令人惊叹不已。接着，人们陆续在墨西哥湾沿海地区发现了三处古代文明遗址。根据碳－14法测定，最早的文明遗址至少出现于公元前1300年，其居民为奥尔梅克人。从此，奥尔梅克文明逐渐为世人所知。

当祭祀仪式完成之后，这幅镶嵌图案就立刻被沙土掩埋了。因为奥尔梅克人认为这是供奉给神的神圣祭品，不能让普通人看到。

农业生产

由于所生活的地区土壤肥沃，雨量充沛，奥尔梅克人开始放弃以采集和狩猎为主的生活方式，过渡到耕种作物并以之为食物主要来源的阶段。玉米是奥尔梅克人种植的主要作物。据考证，奥尔梅克人可能是整个美洲最早种植玉米的人。

奥尔梅克巨石头像

这是奥尔梅克巨石头像中最大的一个，重达30余吨，高约3米，形象十分生动。他鼻子扁平，嘴唇厚大，眼睛呈扁桃状，头戴一顶装饰有花纹的头盔，遮住了两耳。考古学家认为该头像可能是当时奥尔梅克领袖的雕像，或者是一种向死去首领表示敬意的纪念物。

奥尔梅克文明

奥尔梅克文明的主体分为三个文化点，即圣洛伦佐文化、拉文塔文化和特雷斯·萨波特斯文化。圣洛伦佐文化最早，大约出现于公元前1200～前900年间；其次出现的是拉文塔文化，大约在公元前900～前600年；特雷斯·萨波特斯文化出现最晚，约为公元前500～前100年。由这三个文化点组成的奥尔梅克文明的影响不仅仅局限于墨西哥本地，而是遍及整个中美洲地区，其后出现的玛雅文明、阿兹特克文明以及其他各种文明都与奥尔梅克文明有着很深的渊源。所以，奥尔梅克文明享有"中美洲文明之母"的美誉。

开创雕刻艺术

将绿色硬玉或某些种类的绿石加工成雕塑品，是奥尔梅克人开创的一项特别的艺术传统，并为后来中美洲的各个古代民族所继承。这个绿石雕男子坐像表现的是一位仪表堂堂、表情神秘的社会上层人物。

美洲虎崇拜

美洲虎是美洲大陆上最强有力的肉食动物，受到印第安人的普遍崇拜。人们因为它有在夜晚活动的神秘习性而将其与黑夜、死亡联系在一起，天空的繁星也被隐喻为美洲虎皮毛上的斑纹。此外，它的凶猛还被当做战争的象征。这个依美洲虎形象制作而成的礼仪用品正是这种信仰的反映。

拉文塔祭司

用来拼接图案的材料是碧玉。

中间是蓝色的黏土。

这个球是用橡胶做成的垒球般大小的实心球。

玄武岩巨石人头像

通过考古发掘的材料，我们可以发现奥尔梅克人具有高超的艺术技巧，这尤其体现在他们的石雕作品上。1938年发现的巨石人头像是奥尔梅克文明中最著名的艺术品，其构思完善，风格写实，艺术水准很高。更令人惊奇的是，雕像所用的玄武岩石料，全都是从300多千米以外的地方搬运而来的。当时墨西哥地区以及整个美洲都还没有发明车轮，也没有牛、马、骆驼等畜力运输工具。他们是用什么方法把重达数十吨的巨石运进森林里去的呢？这至今仍是一个不解之谜。

宗教仪式
这是奥尔梅克人在拉文塔举行的一次宗教仪式。他们在地上制作的这幅镶嵌图案，表现的是美洲虎神的脸。奥尔梅克人主要崇拜美洲虎。美洲虎是当地最凶猛的动物，他们将其视为世界的主宰，并把它视作力量和智慧的象征。

献祭传统
奥尔梅克文明开创的各种传统构成了中美洲古代文化的基础，如神权政治、金字塔神庙、纪念碑、祭台、象形文字、历法系统、美洲虎崇拜等，其中也包括可怕的活人祭神一项。奥尔梅克在祭祀地神和火神时，用活人(往往是婴孩)献祭，以祈求风调雨顺，获得好收成。这个石雕表现的就是向神灵献祭婴孩的场面。

祭祀与球赛
奥尔梅克人在进行祭祀典礼时常常举行球赛。但是，这种球赛并非一般的娱乐活动，而是以生命为代价的最隆重的宗教祭祀。因为在球赛中获胜的那队要以队长甚至全队队员的头颅作为祭品来祭祀神灵，献出生命的人会感到万分荣耀。

橡胶之乡的人
奥尔梅克文明的发祥地位于今墨西哥的维拉克鲁斯州和塔巴斯科州，向西到帕帕洛阿潘河，东至托纳拉河，面积约为1.8万平方千米。这一带西部为洪泛区，东部为沼泽地，气候炎热多雨，河流众多，水草丰美，并且有成片的橡胶树林，因此当地居民被称为"奥尔梅克人"，意思是"橡胶之乡的人"。

奥尔梅克石雕人像

湮没于丛林的文明奇迹

—— 探索失落的玛雅文明 ——

玛雅是一个地区、一个民族，也是一种文明。在包括墨西哥的尤卡坦半岛、伯利兹、危地马拉、洪都拉斯和萨尔瓦多西部的热带土地上，玛雅人生息繁衍了至少4000年之久。玛雅是湮没于丛林中的巨大谜语。上百座分布于广阔区域内的玛雅城邦突然崛起，文明在一开始就显得相当成熟。而在此之前，玛雅人还过着巢居渔猎的原始生活。考古学家们称之为"突变"，但却无法解释造成其突变的原因。同样令人难以理解的是，历经千载辉煌之后，这些繁华的都市又不约而同地被抛弃，人们散入丛林，文明戛然而止。这个失落的文明到底有着怎样辉煌的历史呢？

玛雅贵族
这是一个身着盛装的玛雅男子，其高耸的羽冠、粗大的项链和精致的手镯、脚镯都显示出他非同一般的身份，只有掌握权力和财富的贵族才会有这样的装束。

玛雅象形文字

玛雅是中美洲唯一创制象形文字的民族。在公元1世纪左右，他们就创造了自己复杂而独特的文字。5世纪中叶，玛雅文字沿着商业贸易的路线普及到整个玛雅地区。现存的玛雅象形文字或刻在石碑、庙宇和墓室的墙壁上，或雕在玉器和贝壳上，或用笔描绘在陶器、树皮、兽皮上。这些文字的总量相当多，约有数千个，但至今为人所认识的只有200余个。美洲三大文明中的另外两个在这一点上都比不上玛雅：印加人只会"结绳记事"，而阿兹特克文字是对玛雅文字的拙劣模仿。如果以文字的发明和使用作为文明的标尺，那么玛雅无疑是中美洲最富有智慧的古代民族了。

石头之城
玛雅人的城市全部采用石头垒就，显得气势磅礴。城市的中心由广场、宫殿、祭坛、球场和金字塔神庙等建筑群组成。

信仰与献祭
玛雅人同美洲大陆的其他印第安人一样，也进行活人献祭仪式。玛雅人信仰太阳神，他们认为太阳将走向毁灭，必须通过一些牺牲来保留太阳的光明。所以，玛雅人常用战俘、奴隶、勇士、妇女或儿童的鲜血和生命祭祀神灵。

难解的文字
玛雅的象形文字是迄今为止人类发明的最复杂的文字之一。上图出自马德里古抄本——现存仅有的四本玛雅著作之一，直到19世纪才被人们发现。它对于成功解读部分玛雅文字起了关键作用。

国王墓葬
在这座玛雅金字塔的石阶下面，掩藏着一个国王的陵墓。玛雅人认为自己的国王有着接近神的力量，因此他们把死去的国王葬在神庙之下，当做神来祭奠。

玛雅人的科学成就

在社会生产和实践活动中，玛雅人创造出独特的20进位和18进位的计数法。同时，他们还是世界上最早掌握"0"概念的民族。数学上"0"的被认识和运用，标志着一个民族的知识水平。玛雅人的天文学知识也极为先进。他们经过周密计算，认为一年的天数应该是365.2420天，这同现在计算出的一年为365.2422天的数值几乎完全相同。玛雅人不仅能计算出日蚀和月蚀的出现时间，还能计算出金星的运行周期为583.92天，此结果与现代科学的实测数据完全一致！

思索的面容
这件灰壤塑造的成人面孔具有某种独特之处，使人们能够从众多印第安文物中一眼就认出它属于玛雅。这个独特之处就是那眉头紧锁、略带愁苦的思索表情，类似的表情在玛雅艺术作品中一再出现。此作品细腻写实的造型是对玛雅民族冷静、内省、沉湎于玄想的内在性格的真实写照。

玛雅金字塔
玛雅金字塔与埃及金字塔不太一样。埃及金字塔几乎全是方基尖顶的方锥形，侧面为三角形。而玛雅金字塔的侧面为梯形，其下部是阶梯，上部是平台。平台上通常还建有庙宇。玛雅金字塔既是祭祀神灵的神庙，也是观测天象的天文台。

观测天象
在没有望远镜等现代设备辅助的情况下，要进行准确观察就必须站在一个极高的位置上，使视线越过茂密的丛林，投射到遥远的地平线上。玛雅祭司们对天气、农时的准确预报，依靠的就是他们在金字塔上长年累月不间断地观察和记录。

通天之路
这些台阶有数十、数百甚至上千级。玛雅祭司和献祭者就沿着这长长的台阶，一步一步登上高耸入云的金字塔顶端。在站在塔角观看仪式的人们眼中，他们似乎正行走在一条神圣的通天之路上。

雕凿精美的塔身
塔身之上雕凿着精美的图案或象形文字，它们大多与宗教有关。

浮雕上刻着统治者的侧面雕像。

石柱的一侧刻有用玛雅象形文字所写的铭文，内容与这位统治者的生平和建筑兴建年代有关。

昭示文明
玛雅人不仅竖立了专门的石碑，而且把所有宗教建筑都雕凿成布满图像和文字的巨大纪念物。这是早期发现者认识到玛雅曾有过辉煌文明的直接原因。这是一座建筑物入口处的矩形石柱。

金字塔式的玛雅社会

玛雅社会是一种以城市生活为中心的农业文明，整个社会结构都是围绕城市展开的，城市人群实际上可以涵盖城邦领地内的所有居民。公元7～8世纪的玛雅社会已具有发展完备的阶级制度，形成了金字塔式的社会阶层组织。社会被划分成若干个阶层，根据血统或职业来决定其成员的身份，而职业一般是世袭的。统治阶级与被统治阶级之间存在着巨大的鸿沟。

复活节岛上的巨石像

——— 南太平洋上的神秘孤岛文化 ———

巨石像
复活节岛巨石像是用一种质地较软的火成岩即凝灰岩雕刻而成的。石像一般高5~10米，重几十吨，最高的一尊有22米，重300多吨。

在烟波浩淼的南太平洋上，有一个面积仅117平方千米的小岛——智利的复活节岛。复活节岛是地球上最孤独的一个岛屿，离它最近的有人居住的岛屿皮特克恩岛，也远在西边2000千米处。1722年4月5日，荷兰航海家雅各布·罗格维恩率领的探险队首先发现了该岛。罗格维恩发现它后，在海图上用笔点了一个小点，旁边注上"复活节岛"，因为这一天正好是基督教的复活节。从此该岛不再平静，一批批探险家、科学家接踵而至，吸引人们的是岛上一连串难以解开的谜团……

海岛之名
虽然"复活节岛"这个名字已广为人知。但是现在人类学界一般称之为拉帕努伊岛，这是19世纪中叶波利尼西亚人对它的称呼。岛上原住民都称做拉帕努伊人，他们讲的语言被称做拉帕努伊语。

石头巨人"毛阿伊"
当地人把这些长脸、翘鼻子、长耳朵的石像叫做"毛阿伊"。

平台
立于海岸附近的"毛阿伊"被放置在平台上。研究者们推测，古代复活节岛人可能在这些平台上举行祭奠祖先或膜拜神灵的仪式。

沉默的巨人

整个复活节岛覆盖着厚厚的岩浆和火山灰，岛上遍布近千尊巨大的石雕人像，它们或卧于山野荒坡，或躺倒在海边。其中有几十尊竖立在海边的人工平台上，单独一个或排成一队。这些无腿的半身石像造型生动，高鼻梁、深眼窝、长耳朵、翘嘴巴，双手放在肚子上。它们像一群沉默的巨人，面朝大海，昂首远视。令人不解的是，岛上这些石像是什么人雕刻的呢？它们象征着什么？

红帽子
石像头顶上戴的红帽子是用红色岩石做成的，当地人称之为"普卡奥"。这表明古代的复活节岛人是梳发髻的。

眼部
"毛阿伊"眼窝深陷，看上去凿得很深。不过，这里面原来是有眼珠的。

耳朵
"毛阿伊"的耳朵很长，这也许是因为岛上的人们所戴的耳饰太沉重的缘故。

手
每一尊"毛阿伊"都昂首挺胸，双手顺着身体两侧自然下垂，放置于腹部。

世界的肚脐

　　复活节岛上的人们管自己居住的地方叫做"特·比托·奥·特·赫努阿"，有学者译为"世界的肚脐"。这种叫法，人们一开始并不理解，直到后来航天飞机上的宇航员从高空鸟瞰地球时，才发现这种叫法完全没错——复活节岛正位于太平洋的中心地带，确实跟一个小小的"肚脐"一样。长期与世隔绝的原住民们是如何知道自己的确切地理位置的呢？或者这只是一个巧合？不过，也有一些学者对此有不同看法。据英国语言学家W.邱吉尔的考证，这个称呼的准确含义可能是"大地的尽头"。

"会说话的木板"

　　复活节岛上曾有许多刻满奇异图案的木板，当地人称之为"会说话的木板"。木板上的图案是一种独特的象形文字——朗戈朗戈文。1863年，一个法国传教士来到复活节岛，他认为这些文字是"魔鬼的可怕咒语"，于是下令将这些木板统统烧掉，有一个当地居民偷偷藏了25块木板。这些木板后来被收藏在世界各地的著名博物馆里。

会说话的木板
木板上的文字须从左往右读，而且由于文字每隔一行就上下颠倒，读下一行时必须倒转过来读。

建造和运输巨石像的过程

在采石场将石料刻成"毛阿伊"。

挖一个坑将"毛阿伊"立起来。

在采石场里立起"毛阿伊"。

将"毛阿伊"放在木橇上，用长绳牵拉，运到海边的村子里。

"毛阿伊"被运到海边平台上时被带上帽子。人们将圆木插入石像下面，运用杠杆原理让石像一点点立起来。

在立石像的过程中，需要不断地往空隙里填石头。经过反复多次填石，"毛阿伊"就慢慢立了起来。

云中之城马丘比丘

—— 探索美洲印加文明 ——

马丘比丘遗址高踞于今秘鲁境内安第斯山脉海拔2700米处，被称为"云中之城"。它的南北两侧分别以马丘比丘山和瓦那比丘山为屏障，当地的印第安人就以其中一座大山的名字来称呼它。马丘比丘约建于15～16世纪，遗址内存留完整的神庙、祭坛、贵族宅邸、民宅，以及规整的梯田与有效的供水系统。它是古印加人举行宗教祭典的圣城，也是印加帝国神学和天文学的研究中心。然而，这座规模宏伟的古城，却在创建数十年后即遭废弃，许多建筑甚至尚未完工。古印加人弃城而去的原因，乃至它在印加时代的真正名称，至今仍是难解之谜。

社会地位的象征
印加社会是古代世界人类共同体中结构最严密、等级最森严的社会之一。最高权力由以国王为首的统治集团执掌，以下是地方官员、部落首领，直至贫民和奴隶。社会成员的等级区别在服饰上有最为明显的体现。这套珍贵的羽毛头饰和外衣，象征着拥有者无可置疑的贵族地位。

急速陨落的繁华

"印加"一词的本意是"首领"或"太阳之子"。16世纪西班牙殖民者入侵南美后，简单地以"印加"指称这里的居民和他们建立的国家，从此沿用至今。13世纪时，印加人在安第斯山脉地区崛起，在15世纪建立起庞大的帝国，国王宣称自己是太阳神的后裔、至高无上的君主。在极盛时期，印加人口超过了1000万，其疆域从今天的秘鲁一直延伸到玻利维亚、智利、厄瓜多尔和哥伦比亚。1533年，印加国王被西班牙殖民者杀害后，帝国随之崩溃。不过，据考证，马丘比丘可能在西班牙殖民者入侵印加之前就已被废弃。

农民的居所
包裹里装着结绳
传递消息的信使

金属加工业
印加人的金属加工业水平较高，他们不但懂得金、银、铜、铅、锡的冶炼，而且知道利用汞来提取纯黄金。印加人还掌握了许多金属加工工艺，如铸造、锻打、模制、冲压、镶嵌、铆接、焊接等。视黄金为太阳象征的印加人，制作了许多黄金艺术品。这个印加女子的黄金像就是其中之一。

"美洲的罗马"
印加帝国享有"美洲的罗马"之称。如此称呼不仅是因为印加人开拓了可与罗马帝国媲美的辽阔疆域，还在于印加帝国像罗马帝国一样建立了一整套较为完善的奴隶制国家机器。

国王的统治
印加国王被誉为"太阳之子"和神的化身，他拥有至高无上的权力，独揽国家一切政治、军事和宗教大权。为维护统治，印加国王建立了以中央集权为中心的政治制度，以首都库斯科为中心，通过各级官吏牢牢地控制着全国。

"飞脚制度"
为了更快地传递消息，印加帝国设置了"飞脚制度"：沿着道路每隔25千米建立一个"坦伯"（驿站），又从全国各地选出跑得最快的人充当"查斯基"（信使）长驻驿站，传递消息。这样，一个消息在一天之内就可以传达250千米左右远。

皇家乐手

圣城重现

　　在长达300年的殖民统治中，西班牙人几乎完全摧毁了印加文明，许多印加建筑被拆除，唯独马丘比丘孤零零地矗立在群山之巅，被荒草和树木掩盖，才逃过了被摧毁的厄运。1911年，考古学家终于发现了它。马丘比丘遗址面积超过0.4平方千米，分为农业区和城市区。农业区是一大片顺着山势层叠而上的梯田。它的西侧下方是城市区，这里又被一片绿草如茵的广场分隔为上城和下城。上城聚集了许多寺庙、祭坛和贵族宅邸，下城为仓库和普通民众的住所。

梯田

农民在地里种植玉米、辣椒和土豆。

吊桥

赶集的商人

用于贮存粮食的粮仓

国王坐在由侍卫抬着的宝座上。

侍卫

祭司

驮运重物的羊驼

交通状况

印加人修筑的道路举世闻名，其中有两条主干道自北向南纵贯全国：一条沿安第斯山脉而行，从哥伦比亚南部起穿越厄瓜多尔和秘鲁，进入玻利维亚后通向阿根廷，全长约5229千米；另一条沿太平洋海岸而行，直至秘鲁西北的通贝斯，全长达约4055多千米，路面宽达4.57～7.3米。四通八达的交通网络不仅便于印加统治阶级对全国的治理，也有利于各地区的联系与文化交流。

建筑桥梁

在山峦起伏、沟壑纵横的安第斯山区，开通道路并非易事。由于地形复杂，有时需要架设桥梁。印加人尚未掌握拱桥知识，建筑的桥梁主要是吊桥。桥两端立有石柱，用5根相连40多厘米的藤条相连，其中3根铺成桥面，两边各有一根当栏杆。有的吊桥长达60余米。

农业生产

印加人在干旱缺水的山区修建水渠和梯田，使粮食生产得到稳定发展，保证了非农业人口的粮食需求。印加人的水渠和梯田修建得非常坚固，有些水渠至今还在使用。印加人培育了大约40多种作物。他们还饲养骆马和羊驼，是美洲印第安人中唯一饲养大型牲畜的民族。这些动物的饲养不仅为居民们提供了肉类和毛皮，而且为农业生产提供了优质肥料，这反过来又促进了粮食产量的提高。

结绳记事

　　印加人没有用于书写的文字，却创造了独一无二的替代品——葵布(意即"结")，也就是结绳记事。它由数条打结的棉制或羊毛制绳子组成，并染成多种颜色，有时一个葵布包括几百股各种长度和不同颜色的绳子。葵布是印加帝国统治的工具，它将官方所需要的各种统计数据编码，从某个月份某个男性劳力提供的劳役到国内每个粮仓存储的谷物量，都能准确地记录下来。印加人还通过葵布进行人口普查和财产普查。每个葵布都是绝无仅有的，主绳上结系着长度不同、颜色各异、组合奇特的绳索，其意义或许只有制作者才清楚。

印加的结绳——葵布

骑士与城堡

——— 探索中世纪欧洲生活 ———

中世纪的欧洲在政治上四分五裂，处于混乱的封建割据状态。各等级的封建贵族之间经常爆发战争，所有的贵族都相当于军事首领，而数量众多的骑士则构成其所属的各级官兵。正是这些遍布欧洲各个角落的大小战争，使得城堡和骑士的作用逐渐突出，以至于这一时期被人们称为"城堡时期"和"骑士时代"。

铠甲骑士
- 头盔
- 颈甲
- 锁子甲
- 胸甲
- 臂铠
- 膝铠
- 护胫

水车磨坊
中世纪的欧洲人已经掌握了水磨技术，他们制造水车，利用河流水位落差的势能带动磨坊里的木质磨床，从而碾碎谷物。

中世纪的城堡
中世纪时，城堡建筑遍布欧洲大地。城堡实际上是一种自我封闭的建筑，包括很多防御工事。为了便于防守，城堡一般都修建在岩石林立的山脊上。如果想进入城堡内部，就必须沿着一条唯一的通道爬上去。

城垛
城垛是城墙上这些常见的凹形口，使弓箭手反击时能够躲避穿过"箭口"的飞矢。

通往城堡的唯一的一条路

天然的屏障
环绕庄园和城堡的河流是一道天然的屏障。在没有河流的地方，人们会绕城挖出一条又深又长的壕沟。跨过河流和壕沟的唯一通道是桥，桥的尽头有堡塔式的大门楼把守。

庄园经济

中世纪的欧洲盛行自给自足的庄园经济，当时欧洲人口的绝大多数都是农民或农奴，他们隶属于庄园的最高统治者——领主。农奴虽然不是严格意义上的奴隶，但是他们在其主人的土地上劳作，必须将收成的大部分交给主人。领主则有义务向农奴提供住宅、耕畜并保护他们。这些封建领主们大多住在庄园内的高大城堡里。为了保证安全，领主们还招募骑士保卫城堡和庄园。

庄园生活
这幅绘画反映了典型的中世纪庄园生活。图中，庄园主正和他的总管商量收获葡萄的事。农民则在辛苦地锄地、采摘果实、修剪葡萄枝、榨葡萄汁。在画面左侧的房屋内，还有两名工匠正在品尝贮藏在木桶里的葡萄酒。

中世纪欧洲的"大学校"

中世纪欧洲的"大学校"是现代大学的前身。它最初的目的是为了培养教士和修士，使他们在教堂和修道学校的学习结束后，还能接受更高一层的教育。后来这种"大学校"开始向欧洲各地的学生开放。

这个浮雕表现了中世纪的"大学校"里学生们听课的情景。

封闭的庄园经济
庄园经济具有封闭性、自给自足等主要特征，经济、司法、宗教等基本活动都在庄园内进行。人们生活在一个固定、狭小的圈子里，很少有机会与外界交流。但由于这种封闭式的生活环境和管理体制既适应当时低下的劳动生产力，又便于贵族阶层的统治，所以延续了很长时间。

市场
庄园内的市场能进行一些简单的商品交换，但庄园中不能生产盐、铁等物质，需要从外边来的商人手中购买。

土地
庄园周围的大片土地被分割成了许多小块。绝大多数土地归封建领主和教会所有，只有极少数土地属于农民自己的，这些农民称为自耕农。

审查制度
骑士负责城堡和周边庄园的安全。他们对进出庄园的商人、农民进行严格的盘查，一旦有任何值得怀疑的地方，就把他们扣留下来，进行审查。

骑士时代

最初的骑士是指受过正式训练的骑兵战士，后来这些骑兵战士被封建领主招募，向领主宣誓效忠，在领主的私人军队中服役，人们称之为骑士。渐渐地，他们发展成为一个极具社会影响力的阶层，有一套内容详尽的伦理规范——通称骑士制度，来指导他们在战场上的行为和战场之外的举止。骑士们享有领主庄园的部分土地收益，作为他们保护城堡和庄园、为领主服役的费用。一些战功卓著的骑士还可以从领主手中获得分封的土地和贵族称号。

中世纪的军事演习
11世纪末，一种新式武器——长枪(长矛)进入欧洲战场，骑士藉此可以在距敌1.5米以外的地方攻击敌人。但长枪比较笨重，士兵必须经过大量训练方可有效运用。这就使得被称为骑士马上比武的模拟格斗训练逐渐普及，到后来成为风行的表演盛会，吸引了大量观众前来欣赏。

强盗与水手

—— 探索北欧海盗纵横欧洲的掠夺史 ——

公元793年6月，维京人在英格兰北海岸的林第斯法恩岛登陆，袭击并掠夺了该地区。这一事件标志着持续近300年的海盗时代的来临。此后，维京人的船队几乎袭击了欧洲所有的滨海国家。由于海盗时代初期的维京人常常以凶残、暴力的手段，劫掠欧洲大陆沿岸的修道院和其他一些易于攻击之地，因此他们被描绘成杀人如麻的掠夺者。实际上，他们既是侵略者又是开拓者，既是强盗又是探险家，既是征服者又是商人，既在实施毁灭又在进行开创。他们是一群怎样的人呢？

恐怖头盔
维京海盗进行劫掠时都带着制作精良的头盔。这些头盔用青铜或铁制成，十分坚硬，可以保护他们的鼻子和脸颊。而且，戴上这样的头盔会使海盗们的模样看起来十分吓人，令对手更加心惊胆战。

海盗时代开始了

"维京"在北欧语中有"旅行"和"掠夺"两层意思。维京人生活在北欧的斯堪的纳维亚半岛上，那里终年被厚厚的冰雪所覆盖，严寒难耐，可供耕种和放牧的土地很少，生存环境极为恶劣。维京人主要以农耕生活为主，还在附近的海域捕鱼并从事贸易。慢慢地，他们建立起丹麦、挪威、瑞典等国家。随着人口的增长，耕地愈加贫乏，食物也产生短缺，许多斯堪的纳维亚人开始寄希望于靠海生活。8世纪末，喜欢冒险、爱好游历、勇猛冷酷的维京人纷纷驾驶着坚固轻捷的船只离开半岛，去闯荡曲折海岸线以外的世界。

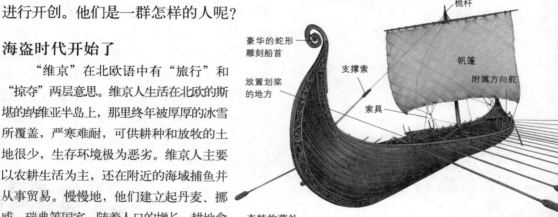

豪华的蛇形雕刻船首 / 桅杆 / 支撑索 / 帆篷 / 放置划桨的地方 / 索具 / 附属方向舵

奇特的葬礼
船在维京人的生活中占有极其重要的地位，他们甚至在死后也要埋葬在船里，人们称之为"船冢"。这是"奥斯贝格号"，发现于奥斯贝格墓葬。它有21.5米长，5.1米宽，可能是当时世界上最大的船之一。

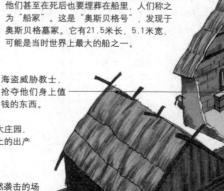

海盗威胁教士，抢夺他们身上值钱的东西。

修道院
中世纪时期的欧洲修道院大都非常富有，不少修道院就是封建大庄园，拥有大片土地。教士们把大部分田地租给农民耕种，收取土地上的出产物或钱币作为租金。有时，教士们自己也到农田或菜圃里干活。

突如其来的袭击
这是公元793年北欧海盗对英格兰北海岸林第斯法恩岛进行突然袭击的场景。他们掠夺了该地区的村庄和修道院，残忍地屠杀了大量教士，并把剩下的教士和一些村民掳走，把他们当做奴隶卖掉。这场袭击对西欧人而言简直是晴天霹雳，这一事件也宣告了北欧海盗时代的来临。

维京商人的买卖

虽然维京人的船可以快速航行，可是它们却无法承载大量的货物，所以维京商人贸易的商品通常是不占空间却价值不菲的精品。他们用家乡的毛皮、海象牙、琥珀、羽毛、绳索、蜂蜜等，交换锦缎、丝绸、首饰、葡萄酒、玻璃、陶器、刀剑和水果等。他们也把掳获的人当做奴隶卖到巴格达和君士坦丁堡等大城市。对于大部分维京商人而言，他们更喜欢用贵重金属如金银珠宝而不是用钱币进行交易。第一个丹麦硬币是在公元9世纪时铸造的，但是一直等到10世纪的时候，维京人才开始普遍使用钱币。

青铜秤
维京商人用这种精确、便携的秤称量贵重金属的重量。

扩张与融合

从公元8世纪到11世纪，维京人四处扩张。一部分海盗航行到东欧，在波罗的海建立起贸易线，并远航俄罗斯，到达基辅和保加尔。有些船队甚至远航至里海，前往巴格达和阿拉伯人做生意。另外一部分海盗则向西南拓展，在欧洲的心脏地带掀起轩然大波。他们大肆劫掠不列颠半岛，并且夺取了诺曼底。在贸易和进攻的同时，他们还进行大规模的殖民活动，很多维京人在被征服地区定居下来。然而，在与当地人的融合过程中，他们不可避免地被基督教强大的文化力量所同化，许多人就此皈依了基督教。1066年，挪威国王"无情者"哈拉尔德·哈拉尔迪战死，他的死标志着维京海盗在欧洲疯狂侵略扩张年代的终结。

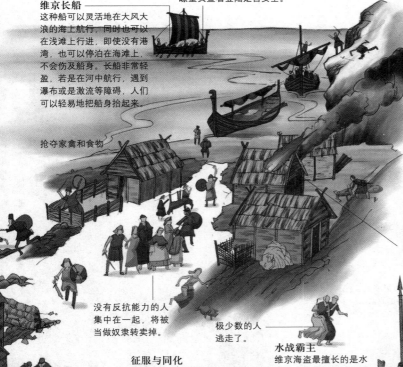

维京长船
这种船可以灵活地在大风大浪的海上航行，同时也可以在浅滩上行进，即使没有港湾，也可以停泊在海滩上，不会伤及船身。长船非常轻盈，若是在河中航行，遇到瀑布或是激流等障碍，人们可以轻易地把船身抬起来。

瞭望员查看登陆是否安全。

抢夺家禽和食物

发起进攻
维京长船悄然无声地靠岸了。海盗们一旦登陆，就发起闪电般的袭击。他们一手拿着椴木盾牌，一手持剑、斧，呐喊着冲向村庄。他们抢夺自己所见到的一切值钱的东西，砍杀一切试图反抗的人。每一个遇到他们的人都感到极度恐惧。

放火烧毁谷仓

没有反抗能力的人集中在一起，将被当做奴隶转卖掉。

极少数的人逃走了。

征服与同化
虽然在海盗时代初期，维京人攻击了许多既富有又毫无防御能力的修道院，劫走了财宝和圣器，只留下一片废墟。但是在后来，在这些地区定居下来的维京人和他们的后代都毫无例外地受到基督教的强大影响，被当地文化所同化。

水战霸主
维京海盗最擅长的是水上功夫。他们经过远洋航行后，溯河而上潜入敌境。在海上与敌方相遇时，维京海盗会把船系在一起，依次上场单独决斗。这是绘制于12世纪初的壁画，描绘了9世纪时进攻法国领土的维京人。

海盗们把修道院的财宝劫掠一空。

终结黑暗时代的伟大变革

—— 探索欧洲的文艺复兴运动 ——

画圣之作
文艺复兴"后三匠"之一的拉斐尔（1483～1520年）有"画圣"之称。他的绘画作品优美、典雅，具有高度的艺术技巧。拉斐尔在古希腊文化中撷取灵感，创作了这幅《三美神》。她们分别象征着美丽、爱情和贞洁，体现了文艺复兴的人文主义思想中积极永恒的人生观。

文艺复兴是中世纪之后欧洲文明的一个新时期。在经历了教会的黑暗专制统治后，文人学者和艺术家们重新发现了古希腊、古罗马文明的辉煌成就，从而使大量的古典作品和学术精神获得了新生。14世纪时文艺复兴运动在意大利首先兴起，15世纪发展到德国、法国、英国、西班牙、荷兰等地，16世纪时达到鼎盛。当文艺复兴运动席卷整个欧洲时，人们的人性意识普遍觉醒，中世纪的社会基础随之土崩瓦解，欧洲社会开始全面发展。

文艺复兴运动与思想

当时欧洲新兴资产阶级的思想家们高举"回到古希腊古罗马去"的旗帜，力图复兴古典文化，开展轰轰烈烈的文艺复兴运动。但实际上，文艺复兴的最终目的并不是要重建古代文化，而是要建立适应资本主义生产关系的新的意识形态。文艺复兴运动的指导思想是人文主义。人文主义以人为中心的世界观和教会以神为中心的世界观相对抗。

文艺复兴的摇篮
文艺复兴运动发源于意大利的佛罗伦萨。这里商业繁荣，文化发达。当时，佛罗伦萨的贵族们建起了豪华的房屋和宫殿，大部分建筑都是按古希腊和古罗马的风格建造的；学校和图书馆也发展得很快，很多人接受了良好的教育。

美第奇家族
14世纪以后，意大利著名的美第奇家族开始了对佛罗伦萨的政治统治。其家族统治者大力提倡艺术，收集古籍，开办雕刻学校，建造公共图书馆，注重人才培养。他们的政治活动和社会活动有力地推动了意大利文艺复兴运动的发展。

米开朗琪罗与《大卫》
米开朗琪罗（1475～1564年）是文艺复兴时期的巨匠，他在雕塑、绘画、建筑和文学领域都留下了很多杰作。其中最富盛名的是雕塑作品《大卫》和梵蒂冈西斯廷教堂里的大幅天顶壁画。《大卫》是米开朗琪罗的成名作，取材于《圣经·旧约》中的神话故事。

贵族

牧师

富商

乞丐

卫兵

美第奇家族的小孩

塔楼高94米，它是意大利最引人注目的公共建筑之一。

文艺复兴的文化精英

文艺复兴时期，欧洲出现了一大批文化精英，主要代表人物有"前三杰"和"后三匠"。"前三杰"又称"文坛三杰"，指早期文艺复兴运动的三位杰出代表人物：但丁、彼特拉克和薄伽丘，他们拉开了文艺复兴运动的序幕。"后三匠"也称"艺坛三匠"，是指文艺复兴运动盛期的三位艺术巨匠：达·芬奇、米开朗琪罗和拉斐尔。在文艺复兴晚期还出现了一些著名人物，如文学家莎士比亚和塞万提斯、哲学家培根、自然科学家伽利略等。

建筑风格

佛罗伦萨的建筑家们建造了带有柱子、拱门和圆形屋顶的建筑。这种风格最早是被希腊和罗马人采用的，因此被称为古典建筑风格，而这一时期的仿作则被称为新古典主义风格。

西尼约里亚宫

西尼约里亚宫是西尼约里亚广场上的一座城堡式建筑，当时是美第奇家族统治者的办公地点。这栋建筑始建于1299年，直到16世纪才最终完工。在今天，它是佛罗伦萨市的市政厅，人们称之为"旧宫"。

这个走廊是修道院院长和行政长官宣读文告的会场。

蒙娜丽莎的微笑

达·芬奇的名作《蒙娜丽莎》自1506年问世以来，征服人类达五个多世纪。蒙娜丽莎的微笑既显示了其内心的激动，又保持着安详平静的仪态。在中世纪宗教禁欲主义的思想控制下，欧洲人的哭与笑都是对上帝的"衰渎"。到了文艺复兴时期，在人文主义思想的影响下，人们开始认识到应该有享受现世生活的幸福与欢乐的权利，被禁锢1000年之久的思想感情因此得到了解放。蒙娜丽莎的微笑正是这一时代精神的反映。这迷人的微笑又被称为"人类的微笑"或"永恒的微笑"。

一个天才的多面手

达·芬奇（1452~1519年）出生在佛罗伦萨，他是文艺复兴时期的代表人物，其才能表现在绘画、科学、哲学、音乐、发明创造和写作等各个方面。代表作《蒙娜丽莎》是世界美术史上最具代表性的肖像画之一。

讨论新观念的学者

西尼约里亚广场

西尼约里亚广场曾被称做执政长官广场，一直以来都是佛罗伦萨的政治与民事的中心地带，也曾是佛罗伦萨城重大历史事件的舞台。

建筑师向赞助人展示他的画稿。

律师

美第奇家族的统治者

这个画家正在绘制建筑物素描。

图书在版编目（CIP）数据

学生探索百科全书／龚勋主编．—汕头：汕头大学出版社，2012.1（2021.6重印）
ISBN 978-7-5658-0565-3

Ⅰ．①学…　Ⅱ．①龚…　Ⅲ．①科学探索—青年读物②科学探索—少年读物　Ⅳ．①N49

中国版本图书馆CIP数据核字（2012）第009201号

学生探索百科全书

XUESHENG TANSUO BAIKE QUANSHU

总　策　划	邢　涛	印　　刷	唐山楠萍印务有限公司	
主　　编	龚　勋	开　　本	705mm×960mm　1/16	
责任编辑	胡开祥	印　　张	10	
责任技编	黄东生	字　　数	150千字	
出版发行	汕头大学出版社	版　　次	2012年1月第1版	
	广东省汕头市大学路243号	印　　次	2021年6月第8次印刷	
	汕头大学校园内	定　　价	34.00元	
邮政编码	515063	书　　号	ISBN 978-7-5658-0565-3	
电　　话	0754-82904613			